博士论丛

数字城市的实施策略与模式研究

Study on Implementation Strategies and Models of Digital City

薛 凯 著

中国建筑工业出版社

图书在版编目（CIP）数据

数字城市的实施策略与模式研究／薛凯著．—北京：中国建筑
工业出版社，2014.8
（博士论丛）
ISBN 978-7-112-17111-8

Ⅰ．①数…　Ⅱ．①薛…　Ⅲ．①数字技术—应用—城市—建设
—研究　Ⅳ．①TU984-39

中国版本图书馆 CIP 数据核字（2014）第 159098 号

　　数字城市是工业时代向信息时代转变的一个基本标志，是人类社会发展和前
进的历史阶段。数字城市不是一个纯粹的理论或技术问题，而是受科技、政府和
市场等多重因素影响和制约的一项复杂的系统工程。本书力求通过这一"城市神
经系统工程"的实施，实现城市管理、服务、运行的便捷、顺畅、高效，使"城
市有机体"更加健康地发展，即通过信息化应用与共享提升城市的"智慧化"程
度，提高城市的生活质量，促进经济社会环境的全面发展与变革，实现城市的可
持续发展。

　　本书可供城市管理者、规划师、建筑类院校师生等阅读参考。

　　　　*　　　*　　　*

责任编辑：吴宇江
责任设计：李志立
责任校对：李美娜　姜小莲

博士论丛
数字城市的实施策略与模式研究
Study on Implementation Strategies and Models of Digital City
薛　凯　著
　*
中国建筑工业出版社出版、发行（北京西郊百万庄）
各地新华书店、建筑书店经销
北京永峥有限责任公司制版
北京云浩印刷有限责任公司印刷
　*
开本：787×1092 毫米　1/16　印张：15　字数：285 千字
2014 年 10 月第一版　2014 年 10 月第一次印刷
定价：**45.00** 元
ISBN 978-7-112-17111-8
　　　　（25893）

前　　言

数字城市是工业时代向信息时代转变的一个基本标志，是人类社会发展和前进的历史阶段。它既有政府管理、政府服务和政府决策的社会管理发展，也有生产方式、生活方式和文化方式的经济文化变革。其目的在于应用（服务），本质是（资源）共享，即通过信息化应用与共享提升城市的"智慧化"程度，提高城市的生活质量，促进经济社会环境的全面发展与变革，实现城市的可持续发展。

数字城市不是一个纯粹的理论或技术问题，而是受科技、政府和市场等多重因素影响和制约的一项复杂的系统工程。因此，本书采用跨学科的研究方法，以国内外各学界的研究成果为基础，对数字城市的理论基础与技术支撑加以整合。

数字城市的基本框架与内容是：综合运用先进的信息技术，在集约环保型信息基础设施的基础之上，以"12个重点应用服务系统，5大资源管理服务中心，8个重点基础通信与信息基础设施"为中心，完成从"高起点基础设施建设"，"全面的信息资源共享"到"智能化应用服务"三个层面的核心内容。本书力求通过这一"城市神经系统工程"的实施，实现城市管理、服务、运行的便捷、顺畅、高效，使"城市有机体"更加健康地发展。

关于数字城市可持续发展层面的实施策略，在国内外的研究相对较少。因此，本书在研究国外数字城市实施策略及其启示的基础上，以数字曹妃甸为实证对象，围绕其整个实施过程，从六个方面提出数字曹妃甸的可持续发展策略，旨在为曹妃甸国际生态城提供全面、协调、可持续发展的信息服务平台和决策支持系统。

数字城市的实施模式仅采用自上而下的政府推动是有局限性的，同时还要考虑企业、社区和个人三个层面，采用自下而上的公众参与模式与政府推动模式互补，形成一种互动实施模式。数字城市的运行过程可能面临缺乏统一规划和协调，资金短缺，产业化持续发展动力不足，无序竞争等问题，因此宜采用"政府引导、企业运营、行业实践、公众参与"的模式，保障数字城市的可持续运行。

目　　录

第1章 绪 论

1.1 研究缘起与意义

1.1.1 研究缘起

"全面提高信息化水平。推动信息化和工业化深度融合，加快经济社会各领域信息化。发展和提升软件产业。积极发展电子商务。加强重要信息系统建设，强化地理、人口、金融、税收、统计等基础信息资源开发利用。实现电信网、电视网、互联网'三网融合'，构建宽带、融合、安全的下一代国家信息基础设施。推进物联网研发应用。以信息共享、互联互通为重点，大力推进国家电子政务网络建设，整合提升政府公共服务和管理能力。确保基础信息网络和重要信息系统安全。"[①]这是《中共中央关于制定国民经济和社会发展第十二个五年规划的建议》中特别提到的一点，说明中央政府已经从国家发展的战略高度关注城市信息化、数字化实施问题，并列入未来五年统筹规划的范畴。

经历改革开放 30 余年的发展建设，到"十一五"末期，中国人均 GDP 接近 4000 美元，已跻身中等收入国家行列。按照国际标准，当人均 GDP 达到 3000 美元以上便开始进入工业化中后期，中国正处于工业化、城市化加速的转折点，这一时期的发展思路肯定与过去大不相同。如何积极响应国家"十二五规划"，及时进行城市信息化建设相关主题内容的研究，从学术层面上为国家数字城市实施献计献策，是为本研究缘起之一。

美国经济学家、诺贝尔奖获得者斯蒂格利茨（Joseph E. Stiglitz）在 2001 年世界银行大会上说："在 21 世纪初期，影响世界和人类生活最大的两件事，一是中国的城市化，二是以信息技术为代表的新技术革命。"中国社会科学院发布的《中国城市发展报告》蓝皮书指出，截至 2009 年，中国

---

① 中共中央关于制定国民经济和社会发展第十二个五年规划的建议，2010。

1

城镇化率为 46.6%，城镇人口达 6.2 亿，城镇化规模居全球第一（图 1-1）。① 从国内外的报道均可以看出，迈入信息时代的中国城市化，尤其是在信息技术革命带动下的中国城市化，毫无疑问将引起更多的关注。

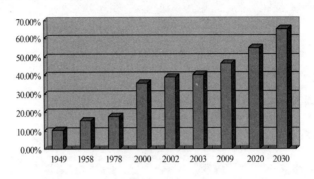

图 1-1　中国城镇化率

IBM 前首席执行官郭士纳（Louis V. Gerstner）曾经提出一个重要的观点，认为计算模式每隔 15 年发生一次变革。这一判断像摩尔定律一样准确：1965 年前后发生的变革以大型机为标志；1980 年前后以个人计算机的普及为标志；1995 年前后则发生了互联网革命；2010 年前后的物联网出现将是最新一轮的革命。基于数字物联网的应用，人们不但实现了足不出户便知天下，而且可以瞬间身临其境的感知城市的每一个角落（图 1-2）。现代科技发展和信息技术革命将会逐渐增强甚至代替人类的部分能力，改变人类的生活方式，把人类带入大众觉醒时代。如何开启在信息技术革命带动下的城市化建设任务，是为本研究缘起之二。

目前的城市建设方式在创造新世界的同时也在毁灭我们的生活：建设活动消耗了约一半的自然资源，产生了约一半的固体垃圾，消耗绝大多数饮用水。287 个地级以上城市的能耗占中国总能耗的 55.48%，CO_2 排放量占中国总排放量的 58.84%。我国有 600 多个城市，两万多个集镇，至少要占到社会总能耗和 CO_2 排放量的 80% 以上。② 按照这样的发展模式持续下去，我们的经济发展了，物质丰富了，但是我们赖以生存的美丽家园将在何处（图 1-3）？

曹妃甸国际生态城正在进行各种全新的探索：将信息技术广泛应用于城市建设与管理中，以生态、循环和可持续发展理念为基础实现高度数字化的城市。以城市为主体，在经济、政治、文化、社会生活等各个领域广泛应用

① 潘家华. 中国城市发展报告［M］. 北京：社会科学文献出版社，2010。
② 王有捐. 中国城市统计年鉴 2008［M］. 北京：中国统计出版社，2009。

现代信息技术，使得数据、信息、知识和思想在全城各领域得以自由流动、相辅相成，达到信息平衡从而实现整个社会大系统的平衡和协调发展。如何通过信息的共享提升城市运行效率，促进低碳经济发展，降低区域环境压力，减少生态足迹，改变人类生产生活方式，是为本研究缘起之三。

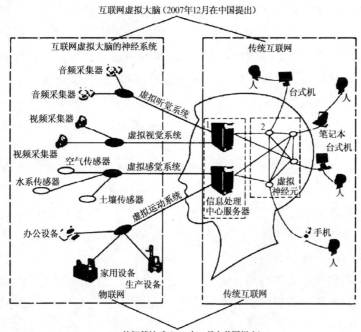

图 1-2　数字城市物联网

来源：叶青. 从绿色建筑到绿色城市［Z］. 曹妃甸国际生态城管委会讲座实录，2010

图 1-3　各种城市污染现象（网络图片）

1.1.2 研究意义

1. 数字城市是信息时代发展的必然趋势

人类社会的发展在经历了农业时代和工业时代之后，正在迈入信息时代。信息化是时代发展的大趋势，加快信息化发展已成为世界各国的共同选择。发达国家正在从工业社会向信息社会过渡，社会经济结构已经发生了转变。发展中国家正在从农业社会向工业社会过渡，但是他们并没有走传统工业化发展的老路，而是走以信息化带动工业化并逐步实现信息化的新路。所有国家和地区都不会放弃信息化发展的机遇，都在积极调整城市经济发展结构，抢占信息领域制高点。信息资源开发利用程度和信息服务水平高低，信息产业发达与否是公认的城市发展水平的重要标志，是下一轮城市竞争的焦点。

信息化的浪潮正以迅猛的势头席卷全球，随着数字网络技术的深入发展，人们新的生活方式也正在迅速形成。身临其境感知天下，足不出户远程办公，人机互动休闲娱乐一切都会成为可能。在信息社会，智能化的综合网络将遍布城市的各个角落，电视、电话、电脑等各种信息终端设备将无处不在，无论何时、何地人们都能获得各种信息服务，人类将生活在一个被各种信息资源所包围的更加自由、安全、舒适、温馨、方便的智慧化环境中。

曹妃甸国际生态城的发展正好有幸站在了信息时代到来的关键节点上。正所谓白纸上面好画画，作为一个崭新的城市，它有着其他城市所无法比拟的优势，从最初的城市设想到城市建设，都可以按照信息时代的城市去构筑。数字化的曹妃甸国际生态城是建立在信息服务基础上的现代文明社会和新型城市，可以避免工业时代产生的诸多难题，将成为人们未来的理想家园。

2. 数字城市是探索城市发展新模式的内在要求

西方300年，中国30年，也就是说，中国要用30年的时间，走完西方发达国家300年的工业文明进程。从工业化初期、中期到后期，最后迈入信息时代，简单地模仿西方以工业化带动城市化的模式已经不能适应时代发展的需求，完全照搬他们可持续城市的发展模式也难以成功。这就意味着我们必须走出一条有别于西方国家的城市发展模式，从而实现农业现代化、工业现代化与信息化统筹发展，实现城乡的全面进步与可持续发展。

目前中国的城市容纳了接近一半的人口，并且正以每年约增加一个百分点的城市化率高速增长，迅速增长的城市人口给资源、环境、社会带来了重大的挑战。城市化的不断扩张和经济的快速发展给人们带来了物质资料极度丰富的现代生活，但随之而来的是对资源环境的破坏，"城市病"的不断加剧,甚至是对城市未来发展的透支。我们所生活的城市已经变得千疮百孔,自然怡人的环境受到巨大的冲击,这样的发展方式注定是不可持续的。当自然开始不断向人们报复的时候,我们开始反省既有的发展模式,转而提出一种兼顾经济发达、社会繁荣、生活富裕、生态优良的数字化发展理念。此时,数字城市应运而生,它作为对传统的以工业化为核心的城市化的反思和扬弃,体现了工业化、数字化与现代文明的融合与共生,是人们解决现代"城市病",从"灰色文明"走向"绿色文明"的创举。

信息时代的城市形态也发生着变化,以完善的信息网络基础设施为依托,城市交通、公共空间、住宅社区等都有新的组成方式,形成一种网络化的城市空间。与工业化不同,在全球数字化的进程中,中国与西方发达国家基本同步。我们应该抓住时代的机遇,寻找更有生命力的城市发展模式,也完全有可能走出一条以生态化和信息化为主导的具有革命性的城市发展新模式。

相比传统城市发展模式,曹妃甸国际生态城数字城市建设(下文简称"数字曹妃甸")通过对先进的电子商务平台、电子政务平台、远程服务平台、数字医疗系统、智能交通系统、再生资源系统、废物回收利用系统、清洁能源系统等技术的综合运用,对自然资源的索求最少,对环境的影响最小,代表了未来城市发展的方向。它在本质上适应了曹妃甸可持续发展的内在需求,标志着城市由传统的唯 GDP 模式走向经济、社会、环境有机融合的数字城市发展模式。

3. 数字城市是生态城市建设的重要保障

西方发达国家一般是先经过工业化的充分发展再逐步过渡到信息化发展模式的,在其工业化阶段中,维系城市发展的资源是物质和能量,这对当时的资源环境条件来说是可取的。如今,随着资源的日渐枯竭,环境的日益恶化,城市的发展受到日益严重的资源、环境的瓶颈制约,这就决定了我们不能照搬他们的发展模式,必须走资源节约、低碳生态的发展道路。信息作为一种无限的、可再生的、可共享的资源,可以直接或间接地减少物质和能量的消耗,不存在对物质资源的耗散性占有。通过信息化的倍增和催化作用改造传统产业,优化经济结构和运行机制,提高投入产出效率,避免无谓浪费,降低资源损耗,减少环境污染,将从根本上实现城市社会、经济与环境的协调发展。①

① 广州市信息化办公室,广东省社会科学院产业经济研究所联合课题组. 城市信息化发展战略思考——广州市国民经济和社会信息化十一五规划战略研究 [M]. 广州:广东经济出版社,2006。

随着信息通信技术的发达和现代互联网的不断增容，城市由地区性的人流、物流集散中心，逐渐走向全球化、数字化的信息中心。以数字化提高城市的集聚与辐射功能，以信息流来调控人流、物流与能量流，促使城市走向安全、有序、高效、低碳的生态城市。数字城市将现实的物质空间与虚拟的网络空间有机地结合，将有效减少城市运行的资源消耗和距离摩擦，保持城市物流、资金流、信息流和交通流的畅通、协调与高速，拓展城市的发展空间，完善城市的服务功能，美化城市的人居环境。

数字曹妃甸的实施对低碳、生态城市起着倍增和催化作用。信息资源是一种战略资源，特别是作为高起点、高质量、高标准要求的曹妃甸国际生态城，时时刻刻都要产生各种信息，进行信息的交换、融合与派生。因此，如何快速、有效地获取城市各方面的信息，实现信息之间的交流与共享，对各种信息进行综合性管理和分析，满足不同层次的信息需求，将成为低碳、生态和可持续发展城市的重要保障。

在曹妃甸国际生态城的建设中，从水、电、道路、通信等城市配套基础设施建设方案的确定，到城市支撑骨架的物流、能量流、资金流和人流的运动，再到社会、经济、环境三者整体利益的协调发展，城市人口的控制，资源的节约利用，社会的自助服务，城市建设的高效管理，处处都离不开信息化的支持。数字曹妃甸无疑将为调控、预测和监管城市提供全新的手段，这是一种有效的、可持续的、适应城市变化的手段，将为低碳、生态城市建设提供有力的保障。

4. 数字城市是城市规划、管理、服务的全新手段

城市规划、建设、管理与服务水平是衡量一个城市综合实力和总体发展水平的关键性指标，也是评价一个国家现代化发展进程的重要因素。数字城市是对传统城市规划手段的革新，为我们重新认识现实的物质城市打开了新的视野，并提供了全新的城市规划、建设和管理的调控手段。吴良镛先生指出："对于城市规划工作来说，建设数字城市和数字社区就是要将先进的信息技术服务于城市规划、城镇设计、建设管理等方面。通过对信息技术的广泛应用，进一步提高城市规划管理的科学技术水平。"

城市规划、建设、管理与服务追求的目标是高起点的规划，高标准的建设，高效率的管理和高质量的服务。在城市规划管理、规划设计、市政建设、住宅产业发展、土地监测管理、环境监测评价、地质灾害防治与城市可持续发展战略研究制定的众多方面，都需要完整、准确和全面的关于城市及其周边环境的动态空间信息数据的支持。同时，城市基础地理空间数据所蕴含的丰富信息，可为城市特殊行业和广大企业所利用，从而产生积极的社会

效益和经济效益。此外，面向社会公众提供开放性的空间信息服务，对于改善和提高人们的生活质量与效率也将具有重要意义。

现代城市缺乏认识城市规律，预测城市未来，监管城市开发的有效手段。数字城市从城市系统角度出发，建构城市信息系统，科学、全面、协调地解决问题。数字城市使城市管理手段科学化、智能化，提高了建设过程中的准确性，让城市运行更加流畅，市民更加关心、热爱城市。数字城市监管同时带来了城市防灾、减灾能力的提升，城市公共安全防护力度将得到极大的加强。

数字曹妃甸的实施将有力地推动政府管理与公共服务的数字化，提高政府的管理效率与服务水平，使政府部门和社会公众共同受益。数字曹妃甸的实施可以提高城市规划和管理的准确性和可靠性，基础设施建设为城市进行全方位的信息采集创造了条件。数字曹妃甸的实施有利于决策者真实、全面和动态地了解城市发展的各个方面，降低决策的风险性，提高决策的可行性和前瞻性；有利于居民在城市规划、建设、管理与服务过程中的公众参与，提高城市工作的透明度和民主化程度。

1.2 研究综述

1.2.1 国外研究综述

1.2.1.1 国外研究进展

纵观国外"数字城市"的研究进展，从 20 世纪 80 年代初法国最早出现"通信网城市"，到 1989 年《信息化城市》的出版，再到 20 世纪 90 年代"信息高速公路"与"数字地球"概念的提出，最后到 2000 年之后"数字城市"理念的推广与应用的普及，数字城市经历了快速的发展（表 1-1）。而随着研究的深入，实施项目也逐渐增多，其研究进程大致可以划分为三个阶段：①以信息基础设施为中心的建设创始阶段；②以电子政务、电子商务和数字社区为中心的应用发展阶段；③以知识型经济和智慧化决策为中心的全面服务阶段。就目前国际总体实施状况而言，多数国家处于数字城市的应用发展阶段，少数发达国家如美国、加拿大等正在逐渐迈入数字城市的全面服务阶段。

20 世纪 80 年代初，在法国最早出现数字城市的概念，当时称为"通信网城市"（Wired City），由国家统一为城市居民铺设通信网络，并提供终端设备，以方便市民的工作和生活。[①] 直到 1989 年，美国加利福尼亚大学伯

---

① 承继成，王宏伟. 城市如何数字化：纵谈城市信息建设［M］. 北京：中国城市出版社，2002。

克利分校的城市学家卡斯泰尔（Manuel Castells）教授出版了一本名为《信息化城市》（The Informational City）的著作后，信息化城市才算正式提出。①该书从信息技术对经济的重构以及对城市与区域的影响等角度，探讨了信息城市的发展模式与社会特征，但并没有对信息城市给出明确的定义。

国际数字城市的研究进展　　　　　　　　　　表 1-1

时　　间	事件/人物	标志成果	研究阶段
20 世纪 80 年代初	法国统一为城市居民铺设通信网络	"通信网城市"	创始阶段
1989 年	卡斯泰尔	《信息化城市》	
1993 年	克林顿	"信息高速公路"	
1998 年	戈尔	"数字地球"	发展阶段
1999 年	首届国际数字地球会议	《北京宣言》、"数字地球"推广	
2000 年至今	首届亚太地区城市信息化高级论坛	《上海宣言》、"数字城市"拓展	繁荣阶段

1993 年 9 月，美国克林顿（Bill Clinton）政府首次提出"信息高速公路"的计划，即国家信息基础设施（NII）建设。"信息高速公路"是由光纤铺成的，以计算机互联网为依托，它将各大政府机构、科研院所、公司企业乃至普通家庭连接起来。② 这是一个海量信息资源的共享平台，它改变了人们的生活、工作、娱乐和交流的方式，让每个人能够更加轻松地享受到信息时代的便捷。因此，信息高速公路计划的提出可以视为数字城市起步阶段的标志。

1998 年 1 月，时任美国副总统的戈尔（Albert Arnold "Al" Gore，Jr.）提出"数字地球"概念，它是一个与地理信息、互联网、虚拟现实等高新技术密切相关的概念。戈尔在其报告《数字地球——21 世纪认识地球的方式》中指出："数字地球是指一个以地球坐标（经纬网）为依据的，具有多分辨率海量数据的，立体显示地球的技术系统，是对地球的三维多分辨率表示，它能够放入大量的地理数据"。③ 简而言之，"数字地球"是指数字化、

---

① Manuel Castells. The Informational City［M］. Oxford：Blackwell Press，1989.

② 信息高速公路［EB/OL］. http：//baike. baidu. com/view/30716. htm。

③ 数字地球［EB/OL］. http：//baike. baidu. com/view/8443. htm.

8

信息化的地球，能够用多媒体、虚拟现实等技术进行多维的表达和管理的巨型数字信息系统，具有数字化、网络化、智能化和可视化等特征（图1-4）。

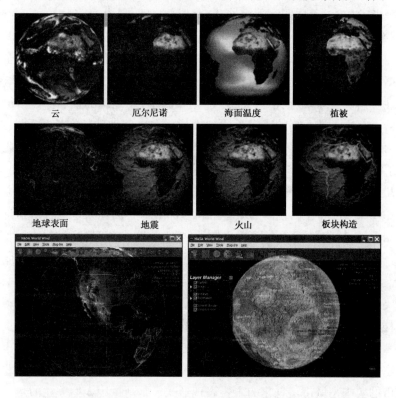

图1-4 数字地球的应用

来源：Digital Earth ［EB/OL］. http：//english. ceode. cas. cn/au/hy/；
NASA World Wind ［EB/OL］. http：//map. sdsu. edu/geog104/lecture/unit-2. htm

数字地球本质上是一个超大的信息系统，它具有空间性、数字性和整体性。这三者的融合统一形成了数字地球与其他信息系统的根本区别，使其成为人类历史上最大和最重要的信息系统。数字地球就是按照地理空间位置，以极高的分辨率对地球进行选点抽样，将抽样点上的自然资源信息和社会资源信息作为该点的属性信息存入计算机，然后再将这些信息进行统筹安排、抽象分析和逻辑组合，形成能为决策者提供服务的方案。使用者只需点击计算机屏幕上数字地球的任何一点，相关信息就会唾手可得。可以说，数字地球就是对真实地球及其相关现象的数字化重现与认识。由此可以看出，数字地球的核心思想有两点：一是用数字化手段统一性地处理地球问题，二是最大限度地利用信息资源。在此意义上，从城市层面来看，数字地球是一种城市发展的战略思想，可用它来整合相关领域的计划、任务、人员、资金和技术，即数字化城市。①

1999 年 12 月，来自 20 个国家的 500 余名科学家、教育家、企业家、工程师和管理者参加了"首届国际数字地球会议"并发表了《北京宣言》。宣言指出："21 世纪将进入一个以全球化和经济一体化为基础的知识时代，一个以空间技术和信息资源为支撑的信息时代，重视综合地球空间信息基础设施、全球空间数据基础设施、全球导航与定位系统、全球对地观测系统、动态过程监控的重要性。倡议全球政府、企业、社会等共同推动数字地球的发展。数字地球将会有助于解决人类面临的诸多矛盾和挑战。在数字地球的实施过程中，人们的生活质量与环境、资源、可持续发展等多个方面应当优先考虑"。②《北京宣言》的发表，标志着数字地球概念在全球范围的正式推广。

2000 年 6 月，由联合国开发计划署（UNDP）、联合国经济与社会事务部（UNDESA）和亚太地区的城市市长参加的"首届亚太地区城市信息化高级论坛"在上海举行，论坛的主题为"推动城市信息化，共创未来新家园"，并最终通过了《上海宣言》。宣言指出："全球信息化和经济一体化正在引发世界的巨大变革。衡量一个城市经济、社会发展综合实力和文明程度的重要指标已经取决于城市的信息化程度和水平。世界贸易、资金流动、技术转移和社会、经济、文化等一切领域的发展都需要城市信息化这一重要推动力。人类的共同发展和共同富裕也离不开城市信息化建设。未来城市发展新的主题和动力将是围绕对城市信息化的理解开展'数字城市'实践。数字城市的实施是城市信息化的主要表现形式，是新世纪人们关注的热点和时代发展的焦点。数字城市是信息时代发展的必然趋势，是当今世界信息化发展的主要方向，是城市信息化实现的基础平台，是城市信息化水平提高的一个重要特征"。③《上海宣言》标志着城市信息化建设取得了全球共识，数字城市正式纳入全球研究体系。

1.2.1.2　国外研究实践

随着"数字城市"研究的深入和拓展，世界各国逐步进入研究的实践阶段。期间，美国数字城市、欧洲数字城市、日本数字京都和新加坡"智慧岛"等都处于领先地位。④

1. 美国数字城市

美国数字城市（AOL, http：//www. citysbest. com）是美国最大的资源

---

① 钱健、谭伟贤. 数字城市建设［M］. 北京：科学出版社，2007。

② 详细参见附录 1：北京宣言。

③ 详细参见附录 2：上海宣言。

④ Toru Ishida. Digital City Kyoto［J］. Communications of the Acm, 2002, 45（7）：76-81。

本地化的在线网络，向超过 60 个城市传递与地区有关的新闻资讯、社区资源、娱乐以及商业信息等（图 1-5）。

图 1-5 美国 AOL 数字城市

来源：AOL［EB/OL］．http://www.citysbest.com

　　美国数字城市的主要特点是，将信息按照城市的方式重新组织起来，每一个单独的数字城市中都提供了汽车、房地产、健康、旅游以及购物、拍卖方面的信息。另外一个很重要的特点是，它有很高的"隐私保护"机制，这个机制让访问者知道哪些信息是来源于访问者，哪些信息是可以公开使用，哪些信息可以传播，已经访问者可以对哪些信息进行修改等等。

2. 欧洲数字城市

欧洲数字城市（EDC）是一个由欧洲电信应用委员会资助的项目。该项目主要有两个目的：①，通过发展开放的合作网络来加快信息技术在城市中的应用；②，建立并且推进在城市信息化中主要人员之间的合作与联系。

欧洲数字城市项目主要讨论了数字城市政策和地区之间的合作、交通、经济、社会以及应用技术等问题。其中，赫尔辛基（Helsinki）的数字城市项目"三维城市"很有特色（图1-6）；瑞典、丹麦等北欧国家以及德国等逐步实现了城市信息化，数字城市应用效果显著。

图 1-6　虚拟赫尔辛基

来源：Toru Ishida. Understanding Digital Cities［J］. Digital Cities, 2000，（1765）：7-17

3. 日本数字京都

日本的数字京都（DCK）由 NNT 发起，组织者为数字地球论坛（图1-7）。该项目的设计思想是真实和活动，目的是建立京都的社会信息主干。真实是指数字京都不是单纯的虚拟城市，而是为实际的城市居民服务的平台；活动是指数字京都中的信息资源均来源于实时的动态数据采集。

数字京都中提供 2D 平面地图和 3D 虚拟空间，实时提供包括交通、天气、购物以及观光等信息。除此之外，还有旅游向导代理、对话帮助代理以及随即聊天环境等系统。数字京都中的新技术开发处于国际领先地位。

4. 新加坡"智慧岛"

新加坡政府于 2005 年提出了建设"智慧岛"的数字城市理念，并将新加坡 90% 的家庭连接在一起，为市民提供一个综合业务的数字网络和异步数字用户专线，旨在实现将城市建设成为"智慧岛"的梦想。

新加坡在很多城市实现了电子政务、电子商务、数字教育和数字医疗等应用系统的试验，并取得了良好的效果。尤其是电子商务中的 B2B 模式，即企业对企业的电子商务活动已经占经营额的 70% 以上。新加坡数字城市所

图 1-7　数字京都

来源：Tomoki Nakaya，Keiji Yano，Yuzuru Isoda et al. Virtual Kyoto Project：
Digital Diorama of the Past，Present，and Future of the Historical City of Kyoto ［J］.
Culture and Computing，2010（6259）：173-187

取得的成绩得到各界广泛认可，并于 2002 年获得世界传讯协会首次颁发的
"智慧城市"荣誉称号。[1]

5. 韩国松岛新城

韩国从 2002 年开始规划建设一座全新的数字城市"伊托邦"——松岛
新城（New Songdo City）。其选址位于首尔以西 35 英里（约 56.3km）的韩
国第二大港口城市仁川，占地 1500 英亩（6.07km²）都是填海而建，预计
2014 年可以完工并入住（图 1-8）。[2]

松岛新城的建设目标是：完全杜绝现代都市生活中各种问题的困扰，如
城市环境损坏，劳动力受教育程度低和缺少功能空间等。这里将建成韩国乃
至世界上第一个"U 城"（ubiquitous-city，即数字无所不在的城市）；这里
只需要一张智能卡，你就能轻松地完成身份记录、消费付款、医疗诊断、社
区服务等一系列琐事；这里将实现全方位的信息共享，数字化服务将深入到
家庭、学校、办公楼等几乎所有城市空间，整个城市被数字城市平台整合成
为一体；这里将从零开始建设一座世界级的城市，并拥有最清洁的空气、最
优美的环境和最优越的生活质量。[3]

跟随发达国家的实践脚步之后，一些发展中国家也纷纷制定了城市信息

① 李林. 数字城市建设指南 ［M］. 南京：东南大学出版社，2010。

② 马晓燕. 韩国新松岛：未来智能城 ［J］. 中国经贸导刊，2005（22）：51-52。

③ 汪礼俊，初蕾. "数字城市"在韩国 ［J］. 上海信息化，2007（2）：83-87。

化的发展战略与政策,这些信息化城市或地区统一命名为"数字城市",这也标志着数字城市的实践进入了全面发展阶段。

图1-8 松岛新城区位、效果图与建设场景

来源:韩国松岛新城:从零开始建设一座世界级城市 [EB/OL]. http://www. jianshe99. com/new/63_ 68/2010_ 7_ 16_ xi12001917586701024617. shtml

1.2.2 国内研究综述

1.2.2.1 国内研究进展

国内"数字城市"的研究也并不比国外落后,在全球数字化进程的推动下,中国与西方发达国家基本同步。数字地球的概念提出之后,中国专家和学者逐渐认识到数字化战略将是实现我国城市信息化建设和经济、社会可持续发展的重要推动力,并于1999年和2000年先后承办了"首届国际数字地球会议"和"首届亚太地区城市信息化高级论坛"。这些举措对中国的数字化进程产生了积极的影响和推动作用。自此以后,与"数字城市"相关的研究便层出不穷,成为国内最热议的话题之一。

林峰田(1999)认为:"数字城市是一项多层结构的城市大系统,包括从城市信息基础设施(硬件、软件和科技等),到数据资料及其应用服务,再到经费、法令、人员组织、土地使用等各种配合条件,直到城市社会文化等五个方面。他指出理想的数字城市应该达到三个基本目标：一是满足市民日常生活的基本需求，如安全、医疗、购物、交通、教育、休闲、娱乐等；二是能够支援城市产业发展，提高城市竞争力；三是创造出具有地方特色的信息网络文化。"①

俞正声（2000）认为："数字城市将深刻地改变人们习惯的生活方式、风俗习惯、工作模式和思维方法，它将是 21 世纪最重要的技术革命。数字城市是指数字、信息、网络技术渗透到城市生活的各个方面，它与生态城市、园林城市和山水城市一样，是对城市发展方向的一种描述。"②

承继成（2000）认为："城市信息化也可以叫数字城市、网络城市和智能城市，它是指城市数字化、网络化和智能化的全部过程。"③

王浒等（2001）认为："数字城市是在现代信息技术的基础上，以数字化、信息化、智能化的方式表达城市及其各种信息，形成一个智能型的城市信息系统。数字城市是基于城市空间信息基础设施之上的城市现代化信息服务平台，它既包括各种与城市空间位置相关的直接信息，又包括与经济、人口、教育、军事等相关的社会数据。通过运用遥感系统、地理信息系统、全球定位系统、虚拟现实表现等关键技术，数字城市的空间信息将被进行有效的数据采集和知识提取，它将辅助政府进行综合决策与城市管理，最终提供给社会公众和企业的将是数字化的服务和便捷的生活。"④

郝力（2001）认为："数字城市可以从狭义和广义两个角度来诠释。从狭义角度即城市规划、建设和管理来看，数字城市可概括为'43VR'，即地理数据 4D 化（DLG、DRG、DEM、DOM），地图数据 3D 化（由二维平面向三维立体转变），规划设计 VR 化（虚拟现实的直观表现）。从广义角度即城市信息化来看，数字城市是物质城市在信息世界的反映和升华，是空间化、网络化、可视化和智能化的技术系统平台。"⑤

杨开中等（2001）认为："数字城市是一个多层框架系统，它包括城市空间信息运行技术系统、空间信息服务与产业体系、城市空间信息运行机理和社会文化等，它是以互联网技术和'3S'技术为支撑的城市空间信息运

---

① 林峰田. 资讯都市的兴起［J］. 台北画刊，1999（1）：8-9。

② 俞正声. 21 世纪数字城市论坛开幕式讲话［EB/OL］. http：//www. consmation. com/digital-city/digitech/t524_ 2. html.

③ 承继成. 信息化城市与智能化城镇——数字城市［J］. 地球信息科学，2000（3）：5-7.

④ 王浒，李琦，承继成. 数字城市与城市可持续发展［J］. 中国人口、资源与环境，2001（2）：114-118.

⑤ DLG——数字线划图；DRG——数字栅格地图；DEM——数字高程模型；DOM——数字正射影像地图。郝力. 中外数字城市的发展［J］. 国外城市规划，2001（3）：2-4.

行系统。在城市资源配置机制和空间信息认知机制的双重作用下，数字城市通过对城市经济社会现象进行数字化虚拟重构，能够促进城市系统的人流、物流、信息流、资金流、交通流的通畅与协调，促进人们对城市规划建设和管理的认识，提高城市竞争力和市民生活质量。"①

赵燕霞等（2001）认为："数字城市既包括各种与地形、地貌、水文、资源、建筑等相关的空间位置信息，又包括与经济、人口、教育、军事等相关的城市社会数据。数字城市是以数字化方式表示城市及其各种信息，在现代信息技术的基础上，形成一个具有智能性质的城市巨系统。"②

李京文等（2002）认为："信息化、网络化和智能化是数字城市的本质，因此，数字城市从广义上来看是城市信息化，即在城市生活的各个方面中广泛运用数字技术、信息技术和网络技术'为人服务'。数字城市是用数字化的手段来处理、分析和管理城市，是对物质城市及其经济社会特征统一的数字化重现和认识，能够促进城市整体运行的通畅、协调与高速。"③

顾朝林等（2002）认为："数字城市是一种通过建设城市空间信息基础设施，充分挖掘和综合应用各种信息资源的过程。即通过综合运用 GPS、RS、GIS 等关键技术，充分挖掘和综合应用城市空间信息资源，建设服务于政府、企业和大众，服务于城市规划、建设和管理的信息基础设施与系统平台。"④

张静（2002）认为："数字城市是指广泛使用信息科学技术，整合并充分利用城市的各种信息资源，方便城市管理和市民生活。数字城市是一个五维的虚拟城市环境和空间信息系统，它既有城市空间的准确三维坐标信息，又有城市各种现象的历史、现状与未来的时间维信息，还有对象的属性维信息，如人的空间位置与思维信息等。"⑤

牛文元（2002）认为："数字城市是一项综合的系统工程，是向信息化时代转换的一个基本标志。数字城市通过对城市自然、社会、经济等信息资源收集获取、分类存储、自动处理和辅助决策，形成智慧化的城市管理和服

① 杨开中，沈体雁. 浅析数字城市 [J]. 北京规划建设，2001（1）：37-43。
② 赵燕霞，姚敏. 数字城市的基本问题 [J]. 城市发展研究，2001（1）：20-24。
③ 李京文，甘德安. 建设"数字城市"的经济学思考 [J]. 城市规划，2002（1）：21-25。
④ 顾朝林，段学军，于涛方等. 论"数字城市"及其三维再现关键技术 [J]. 地理研究，2002（1）：14-24。
⑤ 张静. 构筑数字城市的空间数据框架 [J]. 三晋测绘，2002（1）：40-42。

务平台。"①

　　刘忻（2003）认为："从理论角度来看，数字城市是以现代信息科学为基础，整合现代城市理论、复杂论、系统论、控制论、决策论、计算机网络理论等，通过虚拟现实城市实现综合信息管理的城市理论。从技术角度来看，数字城市是依托'3S、VR'等关键技术，在计算机、多媒体、海量存储、数据仓等技术基础上，为城市管理与科学决策提供现代化的技术系统。从功能角度来看，数字城市是将城市的各种信息进行综合分析和模型化处理，通过全社会的信息共享发挥城市信息资源潜力，提升应用服务和管理决策水平，为城市发展和提高居民生活质量服务。"②

　　李琦等（2003）认为："数字城市是在城市信息基础设施基础上，整合城市信息数据资源，连接城市信息孤岛，服务政府、企业和市民的信息应用平台。数字城市是从信息化角度对信息时代城市发展状态的描述，建立在园林城市、生态城市等工业城市文明基础之上，信息化基础设施完备，信息数据资源丰富，信息化应用与信息产业高度发达，工业化与信息化协调发展，人居环境舒适的良性城市状态。数字城市实践能够调整城市传统产业结构，优化城市产业发展模式，促进行业信息化建设，实现信息化与工业化的协调发展。"③

　　姜爱林（2004）认为："从信息化角度看，数字城市是一种城市发展模式，它是以信息服务为中心、以信息产业为主导、以信息技术为支撑的信息服务系统。从城市建设的角度看，数字城市是一种管理模式，即依托数字化信息科学技术，整合利用城市的各种数字信息资源，管理和服务于城市的运行、规划、建设和城市的生活、生产。"④

　　谢明（2005）认为："数字城市是依托GPS、RS、GIS、VR、网络、多媒体等技术，整合利用城市的各种空间和人文信息，服务于经济社会发展和城市规划、建设、管理等诸多方面。数字城市是对组成城市各种要素和现象的一种数字化重现和认识，是对城市发展方向的一种描述，是利用信息化手段管理和服务于整个城市机制，促进城市的运行更加顺畅和协调。"⑤

　　① 牛文元. 先进生产力和先进文化的载体——中国数字化城市建设的五大战略要点［J］. 南京林业大学学报（人文社会科学版），2002（1）：1-4。
　　② 刘忻. 数字城市体系结构及其相关问题研究［J］. 哈尔滨学院学报，2003（3）：58-61。
　　③ 李琦，刘纯波，承继成. 数字城市若干理论问题探讨［J］. 地理与地理信息科学，2003（1）：32-36。
　　④ 姜爱林. 数字城市发展研究论纲［J］. 科技与经济，2004（3）：58-61。
　　⑤ 谢明. 数字城市建设与发展探讨［J］. 中国科技信息，2005（14）：164。

戴汝为（2005）认为："数字城市的功能、结构非常庞大、复杂，是一个开放的复杂巨系统，它与周边、全国以至世界存在着广泛的联系。"①

江绵康（2006）认为："数字城市是数字地球在城市的具体体现，是数字地球的重要组成部分，是数字地球的主要空间节点。数字城市的本质是把城市的各种信息资源整合并充分利用。具体是指利用数字技术、信息技术和网络技术等，在城市的生产、生活等活动中，以可视化、数字化、智能化的方式展现城市发展相关的各种信息要素。"②

彭学君等（2007）认为："数字城市是一种虚拟城市平台，是一个信息化的城市。通过在城市生活的各个方面中使用信息科学技术和网络通信技术，它能够自动获取城市各种信息资源数据，并建立各种技术服务系统决策支持城市发展、规划、建设和管理等。"③

杜灵通等（2007）认为："建设数字城市的目的是为了解决现实城市中的自然和社会活动中诸多方面的问题。它通过利用各种信息获取、加工和分析等支撑技术，虚拟一个现实城市的实体平台，将数字化处理之后的数据引入其中，并利用其可视化、模型化的平台来解决各种现实城市问题。"④

李宗华（2008）认为："数字城市概念可以分为狭义的和广义的两种：狭义上，数字城市是综合运用互联网络、遥感系统、地理信息系统、全球卫星定位系统等关键技术，建设服务于政府、企业、市民的可持续发展的信息系统平台；广义上，数字城市就是城市信息化，它是对城市发展方向的本质特征的一种描述。它是用数字化的手段来预测、分析、管理整个城市，为调控、预测、监管城市提供了革命性的方式，促进了城市的信息流、资金流、物流、人流、交通流的顺畅、协调。"⑤

陈建军（2010）认为："数字城市是具有双重含义的：第一，数字城市是在城市信息基础设施完备的基础上，智能化获取、动态化加工、数字化利用城市经济、社会、生态等各种信息资源的城市信息服务平台；第二，数字城市是利用 RS、GPS、GIS 等空间信息科学技术，对城市地理信息资源进行充分挖掘与整合，在计算机中构建一个现实城市实体的虚拟平台，进而建设

① 戴汝为. 数字城市——一类开放的复杂巨系统 [J]. 中国工程科学, 2005 (8): 18-21。

② 江绵康. "数字城市"的理论与实践 [D]. 上海：华东师范大学, 2006。

③ 彭学君, 李志祥. 数字城市及其系统架构探讨 [J]. 商业时代, 2007 (8): 66-67。

④ 杜灵通, 韩秀丽. 基于数字地球思想的数字城市研究 [J]. 地理空间信息, 2007 (1): 111-113。

⑤ 李宗华. 数字城市空间数据基础设施的建设与应用研究 [D]. 武汉：武汉大学, 2005。

城市信息服务平台。"①

作为国内学术研究焦点问题之一的"数字城市"正处于研究的探索阶段，至今还没有一个权威的、统一的定义，国内的专家学者也都持有自己的不同看法。②但是，综观他们的研究成果，主要包括两个层面：从广义上理解，数字城市是需要不断地进行信息流、能量流和物质流的交换，是一个复杂而开放的巨系统；从狭义上理解，数字城市是基于3S（GIS、GPS、RS）等现代信息科学技术的城市综合管理与服务信息系统。

1.2.2.2 国内研究实践

数字城市实践是国家信息化的重要战略举措。"十五"期间，国家正式批准将"城市规划、建设、管理和服务的数字化工程"（简称"城市数字化工程"，2002）列为国家重点科技攻关项目，从而将数字城市的技术研究体系纳入到了国家研究计划之中，此举有力地推动了数字城市的研究，加快了数字城市的实践与发展的步伐。

在"十一五"期间，国家颁布了《2006—2020年国家信息化发展战略》(2006)，加快了数字城市的实践步伐，强化了政府管理城市和服务市民的功能，把数字城市作为提升政府管理水平，推动社会与经济发展的重要手段。③

国家"十二五"规划纲要（2011）又指出："全面提高信息化水平，推动信息化和工业化深度融合，加快转变经济发展方式，坚持走资源节约型、环境友好型、全面协调可持续的科学发展道路。"④

与此同时，国内诸多城市也相继展开了数字城市的研究与实践，北京、上海、广州、苏州等城市都宣布了各自的数字城市规划，其中尤以苏州市的"数字苏州"最有代表性：⑤

苏州市是我国地级市中第一个制定了完整的"数字城市"实施方案的城市。2003年10月，历经一年时间的现状调查、需求分析、专题研究，"数字苏州"实施方案的编制工作完成，同年11月通过专家评审，并在2004年开始有计划、有步骤地推进"数字苏州"的实施。该方案由总体建设方案、网络基础设施建设方案、空间数据基础设施建设方案、电子政务建设方案、电子商务与现代物流系统建设方案、数字社区建设方案和资源整

---

① 陈建军．数字城市：智慧城市［J］．国土资源导刊，2010（1）：13。
② 徐晓林．数字城市：城市发展的新趋势［J］．求是，2007（22）：57-59。
③ 详细参见附录4：2006—2020年国家信息化发展战略。
④ 详细参见附录7：国民经济和社会发展第十二个五年规划纲要（城市信息化部分）。
⑤ 王家耀，宁津生，张祖勋．中国数字城市建设方案推进战略研究［M］．北京：科学出版社，2008。

合、信息共享与标准规范建设方案七个部分组成（图1-9）。

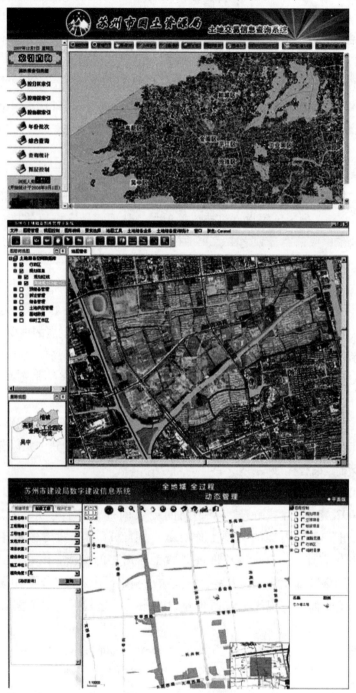

图1-9　数字苏州应用服务系统

来源：苏州市数字城市工程研究中心，http://www.szdcec.com/case.asp

东部先行，中部跟上。地处中原的郑州市于 2006 年 6 月制定了"郑州信息港工程总体规划"，同年 12 月编制完成了"数字郑州建设规划"。该方案提出了符合郑州实情的"数字郑州"建设的指导思想与建设特色，建构了"数字郑州"总体框架，明确了"数字郑州"重点建设内容，确定了"数字郑州"的建设任务，制定了"数字郑州"的建设保障体系。

西部城市同时也在奋起直追。兰州市"数字城市"规划按照统一规划、分步实施、突出应用、逐步完善的原则实施。该工程规划于 2004～2005 年编制完成"兰州城市地理信息系统建设规划"；2005～2006 年实施"兰州城市地理空间信息系统一期工程"；2007 年编制"数字兰州发展思路"；2008 年编制"数字兰州规划"，实施"兰州城市地理空间信息系统二期工程"；2009 年实施"兰州城市地理空间信息系统三期工程"；2010 年全面启动"数字兰州"工程建设。

1.2.3　研究述评

国外关于数字城市的研究主要是地理学界的成果较多，集中在信息产业与城市发展的关系方面，[①] 主要包括信息技术对城市经济、社会发展的影响（Manuel Castells，1989），信息技术对城市空间的影响（Manuel Castells，Peter Hall，1994），信息技术对产业区位的影响（Sassen，2001；Andrew Gillespie，Ranald Richardson，James Cornford，2001；Petra Jahnke，2002）等。他们的研究更多的是侧重于信息技术影响下的城市经济发展和产业结构层面，缺乏对城市功能形态和物质要素层面的研究。

而西方城市规划学界的研究弥补了地理学界研究的不足，重点从信息技术发展对城市物质要素的影响方面入手研究。其中较有影响的是英国学者斯蒂芬·格雷厄姆（Stephen Graham）和西蒙·马尔温（Simon Marvin）等。他们研究指出："信息技术对城市的影响主要体现在城市中'电子流'的作用越来越重要，电子网络相当于城市的电子结构（软框架），与此相对的是城市交通所构成的物质结构（硬框架），电子结构和物质结构相互作用，共同发展。"[②]

国内关于数字城市的研究主要集中在经济学界和地理学界。[③] 重点包括

---

① 孙世界，刘博敏. 信息化城市：信息技术发展与城市空间结构的互动［M］. 天津：天津大学出版社，2007。

② Stephen Graham，Simon Marvin. Planning Cybercities［J］. Town Planning Review，1999（1）. 89.

③ 孙世界，刘博敏. 信息化城市：信息技术发展与城市空间结构的互动［M］. 天津：天津大学出版社，2007。

对数字城市含义的探讨，城市信息化与工业化、现代化的关系（李继文，2003；姜爱林，2004；金江军，2005；徐险峰，2006；李林 2010），城市信息化与信息产业的关系（寇有观，2004；金江军，2005；陈建华，2010）等。经济学界的研究更多的是侧重于信息产业经济层面，地理学界的研究则侧重于信息产业与城市发展的关系层面。

相比之下，国内城市规划学界则较少涉及数字城市领域。目前为数不多的研究成果有：蔡良娃（2006）系统研究了信息技术影响下的信息化空间观念、信息化城市空间发展的模式与趋势等；孙世界、刘博敏（2007）系统论述了信息化条件下城市物质空间形态的变化，信息技术影响下产业空间布局的变化与发展等。其他较多的是采用数字化技术手段，辅助城市规划设计与历史街区保护等（颜文涛、邢忠、张庆，2005；郑晓华、杨纯顺、陶德凯，2010）。虽然一些城市规划学者已经开始关注这个发展趋势，但是相关的系统研究尚处于起步阶段，相对经济学界和地理学界的研究成果也较少。

从国内外地理学界和经济学界的研究成果可以看出，目前大多数的研究集中在信息产业的发展上，重点研究城市经济发展和产业结构的变化。他们更多的是以信息产业化指标等定量研究为基础，而城市规划学界则更多的是以信息化城市空间布局等定性研究为基础。

目前，从总体来看，数字城市研究在技术范畴或者经验总结层面的较多，缺乏二者的统筹性研究和系统的理论研究。关于数字城市的实施策略，尤其是上升到可持续发展层面的实施策略，研究的较少。关于实证研究方面，在目前现有的城市实施数字城市的较多，而在曹妃甸国际生态城这种新城中的实证研究较少，尤其是通过数字城市与现实城市的互动互补关系研究，整合数字城市与现实城市建设的研究较少。

1.3 研究范围与方法

1.3.1 研究范围

唐山曹妃甸新区开发建设是我国"十一五规划"期间（2006～2010年）全国最大的项目集群。曹妃甸国际生态城位于唐山南部、渤海北岸的唐山湾腹地，这里面向大海有深槽，背靠陆地有浅滩，地下储有大油田，自然天赋优异，具有广阔的发展前景（图1-10）。陆地是滦河水系形成的冲积平原和海洋动力作用下形成的滨海平原，地形地貌简单，地势较为平坦。选择此地开发曹妃甸新城，建设唐山"双核"城市，是打造沿海经济隆起带的重要战略举措。未来的10～20年，这里将成为唐山沿海的中心城市，并为京津唐整个区域提供高端服务职能（图1-11）。

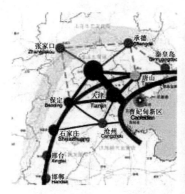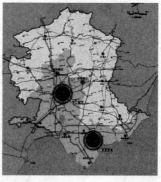

图 1-10　曹妃甸国际生态城区位

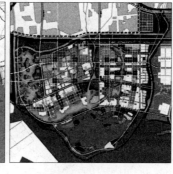

图 1-11　土地利用规划

来源：唐山市人民政府．唐山市曹妃甸新城总体规划（2008—2020）［R］．2009

　　曹妃甸国际生态城总体定位为"中国首座信息生态城市"。在引入瑞典最佳环境技术"共生城市"理念建设生态城市的同时，着力打造数字城市建设，形成具有生态化、信息化和可持续发展的宜居城市。作为一片未被开发的"净土"，曹妃甸将能更好地进行各种智慧尝试。这里将是一座充满信息的城市，一座智慧型的持续生长的城市，一座人类追求和向往的最高生活品质的城市（图 1-12）。

　　本书正是在此大背景下，把曹妃甸国际生态城作为实证研究对象，在对数字城市的理论基础与技术支撑进行系统研究的基础上，围绕数字城市的基本框架与内容，可持续发展策略和实施路径与模式等问题展开讨论，以期从学术层面对数字城市有一个全面的理解，同时，能够为数字曹妃甸的实施提供理论和技术支持。鉴于数字曹妃甸还未全面开展，目前正处于整体规划阶段，因此本书的研究体系将更加具有现实性意义。

图 1-12 曹妃甸国际生态城实景

1.3.2 研究方法

1. 文献研究法

围绕数字城市的实施问题，笔者大量查阅、收集国内外文献来获得基础资料，从而对数字城市有一个全面而准确的认识，并对数字城市的实施策略与模式研究提供了理论性支撑。通过数字城市的研究综述、含义解析、理论基础和技术支撑等内容的研究，解决了对数字城市的基本认知问题，并对数字城市的实施策略与模式研究起到了铺垫作用。

2. 比较研究法

数字城市是信息时代的产物，它与工业时代的城市有着较多的不同点。本书从城市硬件功能、城市软件功能和城市功能空间三个层面，对数字城市与工业化城市的特征进行了比较研究，以期更加全面、准确地理解数字城市的本质。由于我国数字城市实施的整体水平不高，因此，本书通过研究国外典型国家和地区数字城市的实施策略，对国内外数字城市的实施策略进行了比较，能够更加清楚地认识到国内实践的不足，同时对数字曹妃甸的实施策略产生了很好的启示作用。

3. 跨学科研究法

数字城市涉及的学科较多，有系统学、城市学、经济地理学、城市经济学、城市管理学、城市社会学、城市生态学、信息科学、网络通信学、统计学等等，是一个多学科、交叉性的理论。本书通过对城市系统工程理论、流动空间理论、生态城市与循环经济理论、城市可持续发展理论和信息经济学测度理论的研究，充分认识数字城市的理论基础。进而研究地理信息技术、宽带网络技术、数据存储技术、数据分析技术、信息展示技术和信息安全技术等实现数字城市系统的技术支撑。以期对数字城市的理论基础与技术支撑形成全面的认识，从而对数字城市实施策略与模式研究提供依据。

4. 实证调查研究法

本课题采用实证调查研究法，在对数字城市的理论基础与技术支撑进行系统研究的基础上，围绕数字城市的基本框架与内容、可持续发展策略和实施路径与模式等问题展开讨论，从学术层面对数字城市有一个全面的、系统的理解。同时，为数字城市的实施策略与模式提供理论和技术支持，并逐步深入展开实证研究。本书选择曹妃甸国际生态城作为实证调查研究对象，是因为在目前现有的城市实施数字城市的较多，而在曹妃甸国际生态城这种新城中的实证研究较少，尤其是通过数字城市与现实城市的互动互补关系研究，整合数字城市与现实城市建设的研究较少。

1.4 研究内容与框架

1.4.1 研究内容

本书共包括6章，主要研究内容为（图1-13）：

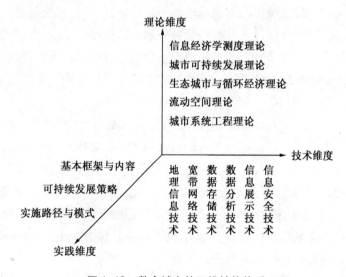

图1-13 数字城市的三维结构体系

第1章"绪论"，包括研究的缘起与意义，研究综述，研究的范围与方法，研究内容与框架，研究创新点等，可对本书的研究内容有一个初步的认识。

首先，本书的研究缘起有三：①从学术层面上为国家数字城市的实施献计献策。②开启在信息技术革命带动下的城市化建设任务。③通过数字曹妃甸信息的共享提升城市运行效率，促进低碳经济发展，降低区域环境压力，减少生态足迹，改变人类生产生活方式。研究意义：首先，数字城市是信息时代发展的必然趋势，是探索城市发展新模式的内在要求，是生态城市建设的重要保障，是城市规划、管理、服务的全新手段；其次，通过对国内外数字城市的研究综述，全面掌握当前数字城市的研究进展和实践情况，并通过研究现状的述评展开进一步的分析；最后，明确数字城市的实证研究范围，对数字曹妃甸的实施环境有一个准确的定位。本书采用文献研究法、比较研究法、跨学科研究法和实证调查研究法等方法进行课题的研究。

第 2 章"数字城市的理论基础与技术支撑"，通过对数字城市的含义解析，数字城市的理论基础和数字城市的技术支撑等内容的研究，实现对数字城市的全面认识，并对数字城市的理论基础与技术支撑加以整合。

首先，通过对数字城市的概念与特征，数字城市的发展阶段和多重视角下的数字城市等内容的研究，解决对数字城市的基本认知问题，为数字城市的理论研究奠定基础；其次，通过对城市系统工程理论、流动空间理论、生态城市与循环经济理论、城市可持续发展理论、信息经济学测度理论等内容的研究，构建了数字城市的理论基础框架；最后，通过对地理信息技术、宽带网络技术、数据存储技术、数据分析技术、信息展示技术、信息安全技术等内容的研究，构建了数字城市的技术支撑框架。随后，重点研究了数字城市技术支撑中的地理信息系统、遥感技术、全球定位系统、虚拟现实技术等关键技术，即"3SVR"（GIS、GPS、RS、VR）技术。

第 3 章"数字城市的基本框架与内容"，这是一个庞大而复杂的系统工程。其总体内容是：综合运用先进的信息技术，在集约环保型信息基础设施建设的基础之上，以"12 个重点应用服务系统，5 大资源管理服务中心，8 个重点基础通信与信息基础设施"为中心，完成从"高起点基础设施建设"，"全面的信息资源共享"到"智能化应用服务"三个层面的核心内容，实现信息技术标准化、信息采集自动化、信息传输网络化、信息管理集成化、业务处理智能化及政府办公电子化。

从战略层面上看，数字城市总体框架中 5 个主要战略要点应当加以重视，即基础设施层——战略准备，资源管理层——战略基础，电子政务平台——战略主导，电子商务平台——战略核心，智能交通系统——战略启动。

第 4 章"数字城市的可持续发展策略"，通过国外典型国家和地区数字城市的实施策略，国内外数字城市实施策略的比较，国内外数字城市实施策略的启示等内容的研究，形成对数字城市实施策略的全面认识，并在此基础上提出数字曹妃甸的可持续发展策略。

首先，研究欧美等发达国家和亚洲的日本、韩国、新加坡、印度等国家中数字城市的实施策略，可以学习到国外先进的实施策略和理念；其次，从实施进程、信息共享、服务效益、标准化四个方面对国内外数字城市的实施策略进行了比较，可以看出国内数字城市在实践中还存在的诸多问题；再次，从比较中发现不足，从国内外数字城市的实施策略得到了6个方面的启示；最后，围绕数字曹妃甸的整个实施过程，提出数字曹妃甸的可持续发展策略，旨在为曹妃甸提供全面、协调、可持续发展的信息服务平台和决策支持系统。

第5章"数字城市的实施路径与模式"，通过数字城市的实施模式、实施路线、实施进度、运行模式和测度评价体系等内容的研究，对数字城市的实施过程提供全方位的保障。

首先，分析国际数字城市的主要实施模式，并且结合数字曹妃甸的现实条件和地域特色，提出一种新的互动实施模式；其次，研究数字城市的实施路线，从集约环保、规范管理、共享服务、信息安全4个层面展开；再次，根据数字城市实施的整体思路，初步规划其实施的进度，能够及时跟进现实城市的建设步伐，保障数字城市循序渐进地顺利实施；再次，研究数字城市的运行模式，针对运行过程可能面临缺乏统一规划和协调、资金短缺、产业化持续发展动力不足、无序竞争等问题，提出"政府引导、企业运营、行业实践、公众参与"的模式，保障数字城市的可持续运行；最后，结合数字城市测度理论，构建数字城市实施与运行的测度评价体系，以期全面、综合地考察与评价数字城市的运行效果。

第6章"结语与展望"。总结全文：数字城市既有政府管理、政府服务和政府决策的社会管理发展，也有生产方式、生活方式和文化方式的经济文化变革。其目的在于应用（服务），本质是（资源）共享，即通过信息化应用与共享提升城市"智慧化"程度，提高城市的生活质量，促进经济社会环境的全面发展与变革，实现城市的可持续发展。

展望未来：信息时代，城市的发展方向将是数字城市与现实城市的整合与共生。数字城市将会从城市产业区、新城区和生态环境等方面给城市发展带来巨大的提升，同时数字城市将会极大地改善市民的生活，生活环境智慧化，居民幸福感增强和社会人性化显著等。数字城市是一把双刃剑，它在给城市经济社会带来巨大发展的同时，也会产生一些负面影响。在具体建设中，如何扬长避短，减少负面影响，这是数字城市实施过程中不可忽视的一个重要方面。

1.4.2 研究框架

本书的研究框架如图 1-14 所示。

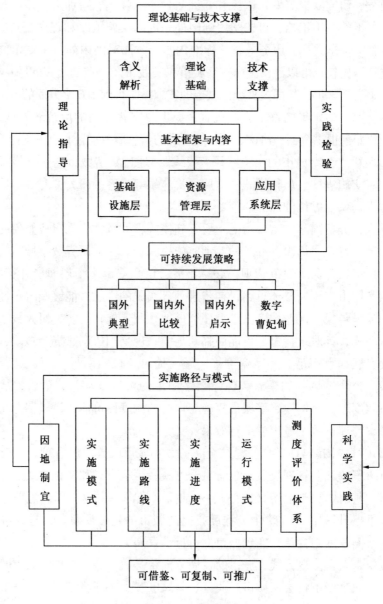

图 1-14 研究框架

1.5 研究创新点

研究的创新点主要包括以下三个方面：

①采用跨学科的研究方法，对数字城市的理论基础与技术支撑加以整合

从理论角度看，数字城市涉及的学科较多，是一个多学科、交叉性的理论。从技术角度看，数字城市是信息时代的产物，是信息科学与信息技术发展的必然结果。但是，数字城市并不是一个纯粹的理论或技术问题，而是受科技、政府和市场等多重因素影响和制约的一项复杂的系统工程。因此，本书采用跨学科的研究方法，以国内外各学界的研究成果为基础，对数字城市的理论基础与技术支撑加以整合。

②提出以"12个重点应用服务系统，5大资源管理服务中心，8个重点基础通信与信息基础设施"为中心，构建数字城市的基本框架

数字城市是一个庞大而复杂的系统工程，是未来城市发展的战略目标，是社会发展的大趋势。本书试图构建数字城市的基本框架，即：综合运用先进的信息技术，在集约环保型信息基础设施的基础之上，以"12个重点应用服务系统，5大资源管理服务中心，8个重点基础通信与信息基础设施"为中心，完成从"高起点基础设施建设"、"全面的信息资源共享"到"智能化应用服务"三个层面的核心内容。本书力求通过这一"城市神经系统工程"的实施，实现城市管理、服务、运行的便捷、顺畅、高效，从而使"城市有机体"更加健康地发展。

③以曹妃甸国际生态城为例，对数字城市的可持续发展策略和互动实施模式进行实证研究

关于数字城市的实施策略问题，尤其是上升到可持续发展层面的实施策略，在国内外的研究相对较少。因此，本书在国内外数字城市实施策略及其启示的基础上，以数字曹妃甸为实证对象，围绕其整个实施过程，从6个方面提出数字曹妃甸的可持续发展策略，旨在为曹妃甸国际生态城提供全面、协调、可持续发展的信息服务平台和决策支持系统；分析目前国际数字城市的主要实施模式，并且结合自身的现实条件和地域特色，数字曹妃甸应该选择自上而下的政府主导型的直接推动模式，同时需要结合自下而上的公众参与模式，形成具有自身特色的互动实施模式。

第2章 数字城市的理论基础与技术支撑

2.1 数字城市的含义解析

2.1.1 数字城市的概念与特征

2000年数字城市的概念产生，随后各地的发展还出现了赛博城市（Cyber City）、在线城市（City Online）、电子城市（E-City）和数码港（Digital Port）、信息港（Information Port）等名称。数字城市在港台地区被称为资讯城市、数码城市、数位城市或资讯港、数码港、数位港等，主要是由于理解和翻译的不同造成的，这些概念含义基本是一致的。① 在联合国的文件中，城市信息化和数字城市两者是通用的。在内地用得最多的是城市信息化和数字城市，专家学者更青睐的是数字城市这一概念。

数字城市是一个内涵丰富并不断发展和演绎的理念，至今还没有一个权威的、统一的定义。数字城市是人们对城市认识的又一次飞跃，与低碳城市、生态城市一样，是对城市的一种新的理解，是人们期望把城市建成何种模样的描述。其本质是对城市的基本特征，包括硬件（基础设施）和软件（社会经济）及其相关现象的统一的数字化重现和认识，是用信息化手段来处理、分析和管理整个城市，促进城市的人流、物流、资金流、能量流畅通和协调，是用计算机进行管理的虚拟城市平台。

综上所述，本书对数字城市的理解为：数字城市即城市信息化，是指充分利用地理信息技术、宽带网络技术、数据存储技术、数据分析技术、信息展示技术和信息安全技术组成的信息技术体系，对城市基础设施和与生产生活相关的各个方面进行全方位、多层次的信息化加工和使用，有效地整合城市资源、环境、生态、地理、人口、经济、文化、教育和安全等信息资源，形成在综合网络环境下的数字化应用平台，包括政府类、企业类、行业类和

---

① 承继成，王宏伟. 城市如何数字化：纵谈城市信息建设［M］. 北京：中国城市出版社，2002。

个人类应用系统，为城市经济和生活的几乎所有方面提供便捷有效的服务。

数字城市是信息时代发展的必然趋势，是 21 世纪城市发展的新主题，是提升城市综合竞争力，促进社会经济发展和人们生活水平提高的新动力，是未来城市发展的必由之路。数字城市以直观化、智能化的表达方式为政府提供决策支持，为民众提供便利服务。数字城市是一种城市可持续发展的新模式，它具有使城市管理更加高效快捷，居民生活更加轻松方便等多种优点。在此认识下，数字城市不再仅是一个纯技术性概念，而是一种新的城市发展概念，它与工业时代的城市有很多的不同，是人类追求最高生活品质的发展模式（表 2-1）。

数字化城市与工业化城市特征比较　　　　　　表 2-1

功能 \ 特征		数字化城市	工业化城市
城市硬件功能	居住	复合功能（如 SOHO、在家办公），居住与工作融合	单一功能，居住与其他功能分离
	工作	各部门功能整合，工作网络化、远程化、移动化	各部门分工明确，相对独立
	交通	个性交通需求（如休闲娱乐）增加，交通管理智能化、网络化，交通效率较高	以工作通勤和钟摆交通为主，主要去工作场所
	休闲	休闲娱乐网络化、虚拟化、生态化，文化休闲较多	以物质性休闲为主
城市软件功能	服务	消费性服务个性化，生产性服务"外部化"、服务外包增长迅速	消费性服务发达，生产性服务"内部化"，企业自主完成
	创新	技术作用于信息，创新周期短，高科技创新功能不断加强，人人追求终身教育	信息作用于技术，创新周期长
	管理	更加民主、平等、有效	部分失效
城市功能空间	居住	与工作、办公、娱乐等空间整合，空间网络化、智能化	空间相对独立，使用的时效性较强
	工业	布局相对灵活，高新技术产业空间增多，部分空间网络化、虚拟化	中心—边缘的"中心地理论"布局原则
	办公服务	高级办公服务功能向城市 CBD 区域集中，空间网络化、虚拟化、智能化	空间布局相对集中与适度分散并存
	商业娱乐	空间更加综合化、网络化、虚拟化，同时具有个性化布局	传统商业中心布局

2.1.2　数字城市的发展阶段

数字城市是工业社会向信息社会转变的一个基本标志，是人类社会发展和前进的历史阶段（图2-1）。在信息社会中，物质和能源不再是主要资源，信息将成为更加重要的资源。社会生产也不再是大规模的物质生产，信息产业将成为支柱产业，信息经济将占据国民经济的主导地位，并构成信息社会的物质基础，信息技术将广泛应用到社会的各个领域（表2-2）。这些将会对经济和社会发展产生深刻的影响，从根本上改变人们的生活习惯、行为方式和价值观念。①

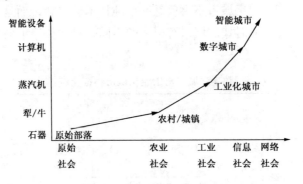

图2-1　城市发展的历史阶段

信息社会与农业社会、工业社会的比较　　　　　　　表2-2

	农业社会	工业社会	信息社会
主要资源	土地	能源和资本	信息
生产工具	牲畜和简单工具	工业化机械设备	信息工具（电脑、网络等）
生产方式	小范围个体劳作	大规模物质生产	分散化精细生产
劳动方式	体力劳动	机械设备	脑力劳动
劳动产品	农畜产品	工业产品	信息服务产品
支柱产业	农牧业和手工业	工业和制造业	先进服务业和信息产业
主导经济	农业经济	工业经济	信息经济
生活区域	农村	城镇	网络中有价值的地方
流动性	较少	部分移动	全球化网络流动
空间形态	地理空间	地理空间	流动空间
生活形态	等级结构	圈层或群组结构	网络结构

---

① 赵英，李华锋. 走进信息化生活［M］. 哈尔滨：哈尔滨工程大学出版社，2009。

当前人类社会发展总的趋势是：发达国家正从工业社会向信息社会或知识经济社会转化，并且以城市信息化为龙头，带动企业和产业信息化、区域信息化和国家信息化；而发展中国家正处于从农业社会向工业社会过渡，要以信息化带动工业化，实现跨越式发展（图2-2）。弥合与发达国家之间存在的"数字鸿沟"和缩小信息化差距，必须从城市信息化做起，并由城市信息化带动各行各业的信息化和整个地区与国家的信息化（表2-3）。①

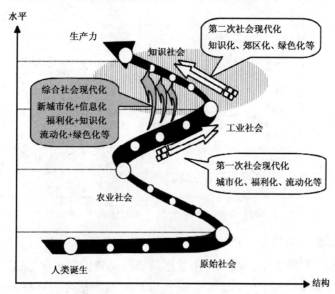

图2-2 社会发展的运河理论

来源：叶青. 从绿色建筑到绿色城市 [Z]. 曹妃甸国际生态城管委会讲座实录，2010

中国和发达国家的信息化接入终端情况（单位:%）　　　表2-3

国家和地区	个人电脑	互联网接入率	宽带渗透率	移动电话	固话主线
美国	79.9	71.4	25.2	83.5	53.4
加拿大	87.6	65.9	26.5	57.6	64.5
日本	67.6	73.8	22.6	83.9	40.0
韩国	62.2	70.7	30.2	90.2	48.3
新加坡	68.2	58.6	19.1	126.7	41.9
英国	75.8	66.4	26.8	118.5	55.4

① 承继成，王宏伟. 城市如何数字化：纵谈城市信息建设 [M]. 北京：中国城市出版社，2002。

国家和地区	个人电脑	互联网接入率	宽带渗透率	移动电话	固话主线
德国	66.1	64.6	25.7	117.6	65.1
法国	57.5	54.7	25.4	89.8	56.5
芬兰	50.0	62.7	31.2	115.2	33.0
丹麦	69.6	68.8	36.7	114.7	51.9
瑞典	83.6	77.3	31.1	113.7	60.4
挪威	59.4	88.0	31.0	110.5	42.3
瑞士	86.5	69.2	31.8	108.2	66.8
澳大利亚	75.7	79.4	27.8	102.5	47.1
新西兰	50.2	80.5	22.5	101.5	40.8
中国	5.6	19.0	5.3	41.2	27.5
中国香港	61.2	69.5	26.8	146.4	53.8

来源：转引自李农. 中国城市信息化发展与评估［M］. 上海：上海交通大学出版社，2009

发达国家一般是先经过工业化的充分发展再逐步过渡到信息化发展模式。在其工业化阶段中，维系城市发展的资源是物质和能量，这对当时的资源环境条件来说是可取的。如今，随着资源的日渐枯竭，环境的日益恶化，城市的发展受到日益严重的资源环境瓶颈制约，这就决定了我们不能照搬发达国家的发展模式，必须走资源节约、低碳生态的发展道路。信息作为一种无限的、可再生的、可共享的资源，它的充分利用可直接或间接地减少物质和能量的消耗，不存在对物质资源的耗散性占有。通过信息化的倍增和催化作用来改造传统产业，优化经济结构和运行机制，提高投入产出效率，避免无谓浪费，降低资源损耗，减少环境污染，将从根本上实现城市社会、经济与环境的协调发展。①

一个地区的物质流、能量流、信息流、资金流和人才流等社会财富，大约有70%～80%集中在城市。而其中信息流是最主要的，它控制着物质流、能量流、资金流和人才流的快速流动。在信息流的影响与作用下，生产周期缩短了，生产效率提高了，生产规模扩大了，带动了市场的发展和经济的繁

① 广州市信息化办公室，广东省社会科学院产业经济研究所联合课题组. 城市信息化发展战略思考——广州市国民经济和社会信息化十一五规划战略研究［M］. 广州：广东经济出版社，2006。

荣。如果一个城市能够融入信息化和全球化的潮流，就将进入社会经济高速发展的快车道。①

2.1.3　多重视角下的数字城市

从科学层面上看，数字城市是一项既能虚拟现实城市又能直接参与管理和服务的城市综合信息系统工程。它通过对现实城市的经济、环境、社会等复合系统的信息资源数据进行高效采集、智能加工、分类储存、自动解决、分析处理、决策支持等，成为现实城市的虚拟对照体。

从技术层面上看，数字城市是以地理信息技术（包括地理信息系统、遥感技术、全球定位系统等）、宽带网络技术（包括互联网技术、物联网技术、无线通信技术等）、数据存储技术（包括海量存储技术、数据库技术、数据仓库技术等）、数据分析技术（包括数据挖掘、机器学习、专家系统、模式识别等）、信息展示技术（包括数据可视化技术、虚拟现实技术、人机交互技术等）和信息安全技术为支撑，以资源管理技术为核心的完整的城市信息系统。

从应用层面上看，数字城市是在城市经济、环境、社会等要素构成的一体化数字平台上和虚拟环境中，利用功能强大的系统软件和数学模型，通过可视化的表达方式再现现实城市各种资源的分布状态，并对城市规划、建设、管理的各种方案进行模拟、分析、研究，促进城市信息资源在全社会的共享和使用，为政府、企业、行业和公众提供信息服务。②

从社会层面上看，数字城市是促进城市社会形态由工业社会向信息社会转变的动态发展过程。在这个过程中，通过计算机和信息通信网络等信息工具与劳动生产者的相互合作与分工，形成先进的信息化生产力，并逐渐渗透和辐射到整个社会的各个层面。数字城市将深刻地改变市民的生活方式、生产方式、工作方式和思维方式，它将使城市的社会经济结构从以物质和能量为中心转变为以信息和知识为中心，从而推动城市进入到信息社会的发展阶段。

从产业层面上看，数字城市是一种在城市经济和社会发展过程中，信息产业的影响力不断增强并逐渐成为主导的发展过程。一方面，数字城市通过信息技术的产业化，取代了传统工业、制造业成为城市社会经济发展的主导产业，并产生出包括微电子产业、软件产业、互联网产业、移动通信产业、电子商务、数字媒体产业等新兴信息产业，促进了城市经济的快速增长；另

---

① 承继成，王宏伟．城市如何数字化：纵谈城市信息建设［M］．北京：中国城市出版社，2002．

② 钱健，谭伟贤．数字城市建设［M］．北京：科学出版社，2007。

一方面，数字城市通过信息技术和产业的渗透作用，推动传统产业部门的升级改造，使传统工业和服务业因吸收了信息技术而得以根本改变，从而提高整个城市的经济运行效率，加速社会各领域的全方位变革。

从资源层面上看，数字城市是城市信息资源成为经济、社会发展最关键的战略资源，并逐渐弱化甚至取代物质和能源的过程。现有的工业化城市是以物质资源和能量消耗为基础的，这已经导致诸如资源匮乏、环境污染等城市问题。数字城市将通过全面地开发与利用以信息和知识为主导的战略资源，直接或间接地减少物质资源和能量消耗，进而使城市的经济结构、社会结构和文化结构得到优化与提升。①

从学科层面上看，数字城市是一个多学科交融的综合系统学科，是城市规划学科研究的外延，是一个未来值得重视的研究方向。随着信息社会的发展，原有的集中式城市空间模式将逐渐走向分散化和均质化。城市将失去原来的城区概念，突破现有的物理空间向郊区拓展，网络化的数字空间将逐渐取代原有城市空间的意义。新型产业空间和新型服务经济将以信息部门产生的动力来组织运行，整个过程最终通过数字城市平台来重新整合。

2.2 数字城市的理论基础

从理论角度看，数字城市涉及的学科较多，有系统学、城市学、经济地理学、城市经济学、城市管理学、城市社会学、城市生态学、信息科学、网络通信学、统计学等，是一个多学科、交叉性地理论。从技术角度看，数字城市是信息时代的产物，是信息科学与信息技术发展的必然结果。但是，数字城市不是一个纯粹的

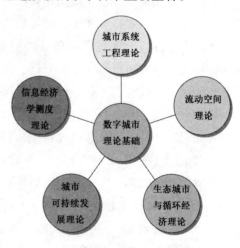

图2-3　数字城市的理论基础

理论或技术问题，而是受科技、政府、市场等多重因素影响和制约的一项复杂的系统工程。因此，首先需要从系统学、城市学和信息学等理论视角来研究数字城市（图2-3）。

---

① 广州市信息化办公室，广东省社会科学院产业经济研究所联合课题组．城市信息化发展战略思考——广州市国民经济和社会信息化十一五规划战略研究［M］．广州：广东经济出版社，2006．

2.2.1 城市系统工程理论

2.2.1.1 城市系统工程

"系统"一词最早出现于古希腊语中,其原意是指"事物中共性部分和每一部分应占据的位置",也就是"部分组成整体"的意思;在美国《韦氏大辞典》中,"系统"被解释为"有组织的或被组织化的整体";一般系统论的创始人贝塔朗菲(L. V. Bertalanffy)把"系统"定义为"相互作用的诸要素的综合体"。[1]

城市是一个国家或地区经济、政治、文化和科技的中心,城市内部各种要素的相互联系、相互作用的复杂性,构成了一个具有复杂性的系统——城市系统。不同的城市,由于其系统要素的相互作用不同,导致其结构和功能也不相同。

城市是一个复杂的巨系统。随着城市的发展,现代城市的结构、规模及其外部环境日益复杂,使得城市系统的复杂性越来越高。因此,城市的发展迫切要求人们依靠系统科学的方法来解决城市系统发展过程中遇到的问题,从战略的高度来认识城市的发展,走城市的可持续发展之路。

"系统工程"在系统科学体系中属于工程技术类(图2-4)。钱学森先生认为"系统工程是组织管理系统的规划、设计、制造、实验和使用的科学方法,是一种对所有系统都有普遍意义的科学方法",即"系统工程是一门组织管理的技术";《美国百科全书》的解释:"系统工程研究的是怎么选择工人和机器的最适宜的组合方式以完成特定目标";《中国大百科群书》的解释:"系统工程是从整体出发合理开发、设计、实施和运用系统的工程技术,它是系统科学中直接改造世界的工程技术"。[2]

"城市系统工程"是系统工程在城市范围的体现。严格地说,城市系统工程是"基于系统科学和城市科学理论,以城市系统及其子系统为研究对象,综合应用系统工程的观点、方法和原理,通过数学模型和计算机技术实现对城市问题研究的定量化(半定量化)、模型化以及最优化(次最优化),为现代城市规划、建设、管理和可持续发展提供决策依据"。[3]

城市系统工程是一个庞大的系统工程。从研究对象来看,包括城市生态环境系统工程、城市地理系统工程、城市经济系统工程、城市交通系统工程、城市建筑系统工程、城市人口系统工程等;从功能来看,包括城市规划

---

[1] 吴义杰. 基于复杂系统理论与方法的数字城市建设 [M]. 北京:中国电力出版社,2006。
[2] 吴义杰. 基于复杂系统理论与方法的数字城市建设 [M]. 北京:中国电力出版社,2006。
[3] 程建权. 城市系统工程 [M]. 武汉:武汉测绘科技大学出版社,1999。

系统工程、城市建设系统工程、城市管理系统工程等。因此，城市系统工程的理论基础不仅与系统工程学理论相关，而且还与城市系统学理论相关，如城市环境生态学、城市经济学、城市规划学、城市人口学等。前者为城市系统工程提供各种分析和处理技术，完成其定量化（半定量化）部分，后者则为认识城市系统提供理论依据，完成其定性化部分。

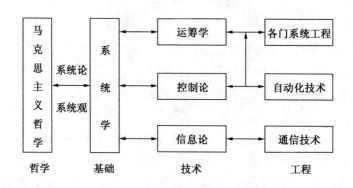

图2-4　系统科学体系的分类

来源：钱学森.创建系统学 ［M］.太原：山西科学技术出版社，2001

2.2.1.2　城市信息系统工程

随着信息时代的发展，信息科学理论和技术在城市系统中的应用日益增多，城市信息系统工程也逐渐成为城市系统工程中的一个重要子系统。相应的，数字城市是数字化、信息化系统工程在城市管理和服务中的应用系统，它的实施也是一项庞大而复杂的系统工程。

数字城市是一个复杂的城市信息系统工程，是未来城市发展的战略目标，是社会发展的大趋势。为了了解一个城市的信息化所处的成长阶段，以便根据该阶段特征和下一阶段的发展方向，确定具有针对性和前瞻性的实施策略与模式，本节将研究信息化发展阶段的经典模型——诺兰模型和米歇模型。

1. 诺兰阶段模型

美国哈佛大学教授理查德·诺兰（Richard Nolan）首次提出了信息系统发展阶段理论，确定了信息系统生长的 6 个不同阶段，该理论是信息系统发展规律早期研究的重要成果（图2-5）。

诺兰六阶段模型是一种波浪式的发展历程，前三个阶段具有计算机数据处理时代的特征，后三个阶段则显示出信息技术时代的特点，前后之间的

"转折区间"是在整合期中。由于办公自动化的普及以及终端用户计算环境的进展而导致了发展的非连续性，这种非连续性又称为"技术性断点"。诺兰的阶段模型反映了信息系统的发展阶段，并使信息系统的各种特性与系统生长的不同阶段对应起来，从而成为信息系统战略规划工作的框架。

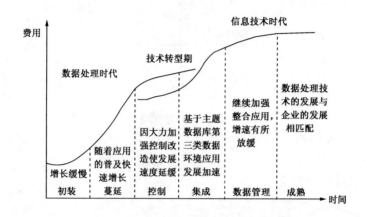

图 2-5　诺兰模型

来源：转引自吴伟萍. 城市信息化战略：理论与实证［M］. 北京：中国经济出版社，2008

2. 米歇模型

随着信息技术的迅速发展和集约化管理的日益增强，信息系统集成化建设的理论、方法和工具的研究逐渐增多。早期的诺兰模型研究对今天的集成化环境的适应性有所欠缺。

美国信息化专家米歇（Mische）等人对诺兰模型进行了改进，他把综合信息技术应用的连续发展分为 4 个阶段——起步、增长、成熟和更新。这些阶段的特征不仅在数据处理的增长和管理标准化方面，还涉及知识、哲理、信息技术的综合水平及其在组织的经验管理中的作用，以及信息技术服务机构提供成本效益和解决方案的能力。

决定这些阶段的特征有 5 个方面——技术状况、典型应用与集成程度、数据库存取能力、IT 机构文化、全员素质与信息技术视野等，每个阶段的具体属性还有很多。这些特征和属性可以用来帮助一个城市确定自己在综合信息技术应用的连续发展中所处的位置。

关于综合信息技术应用连续发展的四阶段、五特征模型就称为米歇模型（图 2-6）。

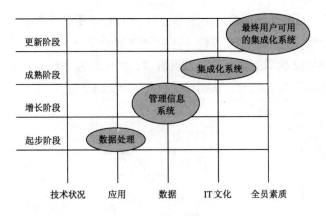

图 2-6 米歇模型

来源：转引自吴伟萍. 城市信息化战略：理论与实证［M］. 北京：中国经济出版社，2008

2.2.2 流动空间理论

2.2.2.1 流动空间理论及其模式

卡斯泰尔在他的名著《信息化城市》中写道："信息处理在现代工业社会结构中，逐渐成为起决定作用的角色，服务业、手工业和农业也是如此。我们的经济应该定性为信息经济，而不是服务经济。在社会结构变化、经济重组、技术革新的共同作用下，信息处理普遍处于有深远意义的改造过程中。新的空间形式，甚至更重要的新型空间关系，成为这些变革的结构。因此对于任何现存组织的生死存亡来说，最重要的是空间。在信息经济中的组织空间正逐步成为流动空间。"① 这就是他所提出的新概念——流动空间。

随后，卡斯泰尔在普林斯顿大学召开的"新城市化"会议中明确了这一概念，并指出："流动空间是通过流动而运作的共享时间的社会实践的物质组织。"② 随着研究的深入，卡斯泰尔又在《网络社会的崛起》一书中对"流动空间"作了进一步的解释，文中指出："流空间包括三个层面的内容：第一层面，是由电子交换的回路即互联网所构成的物质支持；第二层面，是由其节点（node）与核心（hub）所构成；第三层面，是占支配地位的精英空间的组织。"③

卡斯泰尔认为："信息没有空间特性，信息技术使得地理摩擦几乎为零，因此，信息社会将由'地方的空间'（space of place）转向'流动的空

---

① Manuel Castells. The Informational City［M］. Oxford：Blackwell Press，1989.

② Manuel Castells. The Space of Flows：A Theoey Space in the Informational Society［R］. Princeton：Princeton University，1992.

③ Manuel Castells. The Rise of the Network Society［M］. Oxford：Blackwell Press，2000.

间'（space of flows）。"同时，他还指出："地方区域的快速发展必须与高级空间接入，防止孤立和封闭，高级空间也必须与全球流动空间链接，才能有效地参与全球分工和全球竞争。因此，空间重组的最终目标是构建新型的、有序的'流动空间—地方空间'的空间体系。"①

流动空间的概念大致可以从以下五个方面来理解：②

（1）研究对象：是结合人的活动并作用于空间的各种流，有实体流和虚体流，包括物流、人流、信息流、资金流、技术流等，这些空间围绕流动而建立起来。

（2）基本过程：空间位置的有目的的、反复的、可程式化的位移、交换与互动。

（3）传输媒介：以微电子为基础的涉及电子通信、电脑处理、广播系统、互联网等信息技术为支撑的空间流动和以现代交通系统作为媒介实现的空间流动。

（4）重要组成：是流动循环的节点。流动在有微妙异同的节点之间产生，并且总是从一个节点流动到其他节点，它将流向不同的各种流动相互连接起来。

（5）典型空间：精英空间的组织。这是一个沿着流动空间的连接线横跨全世界而建构起的一个相对隔绝的空间。精英空间是对支配性利益的体现，它体现了从生活方式到支配利益的全流动。

因此，流动空间就是围绕物流、人流、信息流、资金流、技术流而建立起来的空间，以信息通信系统和现代交通系统为支撑，创造一种有目的的、反复的、可程式化的动态化运动。流动空间通过节点将流向不同的各种流动相互连接起来，节点之间的微妙异同实现流动循环。

流动空间是由实体空间（物质空间）和虚拟空间（网络空间）两个层面构成的（表2-4）。所谓实体空间，是指承载人类生产生活等各种活动的物质空间和自然环境。这样的空间和区域是具有边界效应的，是可以被感知的。所谓虚拟空间，是一个拟人化的空间形态，是从数据处理等纯粹的技术空间演化而来的。这样的空间是无限超越性和渗透性的，具有不定、跳跃和蔓延等特点。③ 实体空间与虚拟空间二元并存与融合而形成的混合空间就是流动空间（图2-7）。④

---

① Manuel Castells. The Rise of the Network Society ［M］. Oxford：Blackwell Press，2000.
② 沈丽珍. 流动空间 ［M］. 南京：东南大学出版社，2010。
③ 甄峰. 信息技术作用影响下的区域空间重构及发展模式研究 ［D］. 南京：南京大学，2001。
④ 郑伯红. 现代世界城市网络化模式研究 ［D］. 上海：华东师范大学，2003。

41

実体空間与虚拟空间的特征　　　　　　　表2-4

特征	实体空间	虚拟空间
传输媒介	交通运输设施	信息网络设施
移动方式	取决于交通运输设施	取决于网络通信设施
空间特性	物理性	信息化
距离影响	距离影响明显	完全不受距离影响
时空关系	时空同步、统一	时空异步、分离
场所感	明确的场所感	无特定场所，依附于实体空间
认同感	明确的认同感	跳出实体空间，建立新的认同感

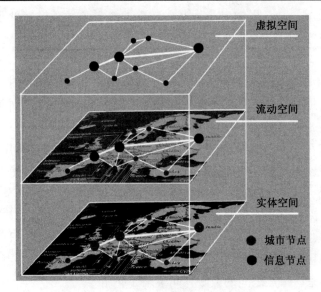

图2-7　流动空间的结构

来源：蔡良娃. 信息化空间观念与信息化城市的空间发展
趋势研究［D］. 天津：天津大学，2006

　　信息技术的发展使得物流、人流、信息流、资金流、技术流可以在全球
范围内顺畅流动，从而带来了经济组织结构的变化，引起了公司组织方式的
改变，实现了空间形态由静态的地方空间向动态的流动空间的转换。这就是
流动空间形成的模式，即"信息技术—经济变化—流动空间"（图2-8）。
　　流动空间完全不同于地方空间，它代表着一种动态化的空间理念，它强
调在信息流的引导作用下，生产和组织不再围于固定的地方空间，而是在全
球范围内实现流动，这也从根本上改变了传统区位论的意义（图2-9）。但

是，流动空间也并非没有固定位置，在很大程度上它会受到地方空间的限制，二者是一种相互作用、相互制约、共同发展的协同关系（表2-5）。流动空间既能弥补地方空间存在的时空距离限制和瞬时交流不足等缺点，又能改善现代交通系统的容量和效率。流动空间结构的均衡化需要一个漫长的时间趋向，因此地方空间将与其长期并存。①

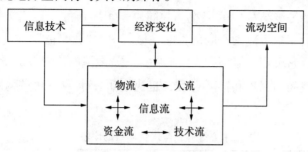

图2-8　流动空间的模式

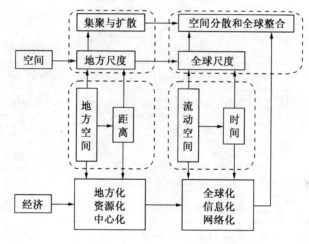

图2-9　流动空间与地方空间的比较

来源：沈丽珍. 流动空间［M］. 南京：东南大学出版社, 2010

流动空间与地方空间的比较　　　　　　　　　　　　表2-5

空间类型	基础技术	主要状态	主导因素	空间形态	发展取向	效益取向	作用范围
流动空间	信息通信	流动	时间	网络化	对外联系	时间—经济效益	全球
地方空间	交通运输	静止	距离	核心—边缘	本地资源	经济效益	区域

---

① 孙中伟，路紫. 流空间基本性质的地理学透视［J］. 地理与地理信息科学, 2006（1）：109-112。

2.2.2.2 基于流动空间的数字化城市

城市是流动空间的网络节点，城市的功能就是实现网络的服务、管理和控制，而数字城市正是能够让城市实现这一功能，并不间断地进行信息流、物质流和能量流交换的平台。

在农业社会和工业社会，基于地方空间的传统城市中，城市规模的大小与其在中心地等级结构中的层次，共同决定了城市的发展潜力（表2-6）。而在信息社会，基于流动空间的数字化城市中，"信息流"成为城市运行的主要驱动力，它决定了城市中人流、物流、资金流的流向、流量、流速，既决定了流动空间的聚集和扩散过程，也决定了城市的空间结构特征（图2-10）。

中心地体系与网络体系的比较 表2-6

内　　容	地方空间的中心地体系	流动空间的网络体系
主体	中心	节点
制约因素	受规模限制	受集聚能力限制
职能分配	倾向于首位城市，职能替代竞争	倾向于弹性分配，职能分工与补充
产品与服务	区域间同质性产品与服务	全球一体化的异质性产品与服务
联系	垂直、等级	横向、网络
流向	单向流动	双向流动
成本	运输成本	信息成本
竞争	依赖成本的价格差异	依赖服务的品质差异

来源：David F. Batten. Network Cities: Creative Urban Agglomerations for the 21st Century [J]. Urban Studies, 1995, 32 (2): 313-327

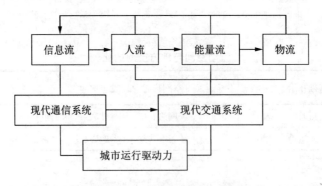

图2-10 数字化城市"流"动力模型

数字化城市的聚集与扩散过程是通过信息流和物质流的流动来实现的。信息流是通过信息获取、处理和传输实现的，而物质流和能量流即物流配送则要靠现代交通来完成。信息流基本上可以实现"零距离"和"零时间"，但是物质流（包括货物流和人力流）有很强的时间和空间概念，存在近距离原则，它要靠现代交通来完成。因此，就存在优化空间结构与最优化路径的问题。对于物流来说，距离和空间是密切相关的，距离越远，则时间越长，运输费越贵，效益越低。

在流动空间的影响下，城市人流、物流、资金流的聚集和扩散程度明显加强，使得部分城市的功能得到强化，加速了全球化城市和世界城市体系的形成，并导致劳动分工跨国出境和制造业区位分离的结果。同时，工业时代的传统城市功能也相应地发生了深刻的变革，并通过城市的土地利用方式或空间格局变化发生作用（图2-11）。原来工业社会中城市的"核心—边缘"结构将按照信息社会流动空间的特征进行重组，形成新的"多核心—多边缘"结构，或者形成"全球—地方"为特征的垂直结构，并最终形成多级、多层次的世界城市网络体系（图2-12）。①

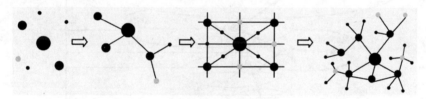

图2-11　信息时代城市模式的变迁

一些城市由于所处的枢纽和主干信息节点地位，更有利于发展成为国际性、全球性城市，它们将协调和主导着世界经济活动。在这些国际性、全球性城市的周围，形成一批规模较小的城市，它们与国际城市之间及彼此之间也由网络相连接，形成网络城市带或城市群。而另一些远离信息化、全球化的"边缘城市"将成为衰废的城市。因此，在全球信息化的浪潮中，每个城市都面临着被"边缘化"的危机，信息的不对称所引起的"数字鸿沟"将会导致"经济鸿沟"（经济发展的不对称），并逐渐沦落为"边缘城市"。

① 承继成，王宏伟. 城市如何数字化：纵谈城市信息建设［M］. 北京：中国城市出版社，2002。

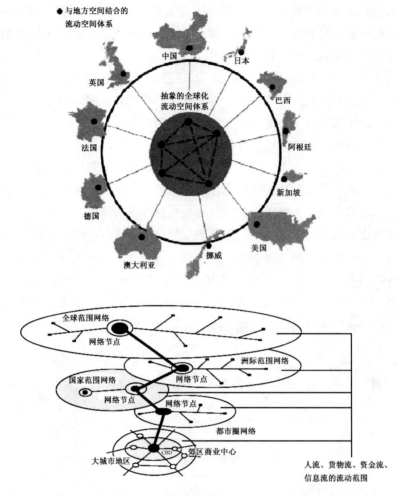

图 2-12　流动空间影响下的多级、多层次世界城市体系

来源：蔡良娃．信息化空间观念与信息化城市的空间发展趋势研究［D］．

天津：天津大学，2006

2.2.3　生态城市与循环经济理论

2.2.3.1　生态城市与循环经济模式

1. 生态城市与循环经济模式

生态城市（Eco-City）的概念是在 1984 年联合国教科文组织《人与生物圈》的报告中首次提出的。生态城市学研究城市活动中自然资源从"源、流到汇"的全代谢过程及其生命保障系统间的相互关系的学科。①

---

① 华斌．数字城市建设的理论与策略［M］．北京：科学技术出版社，2004。

循环经济（Circle Economy）是物质闭环流动型经济的简称，是一个"资源—产品—再生资源"的物质反复循环流动的过程（图2-13）。循序经济的特点是自然资源的低投入、高利用和废物的低排放，并从根本上消解环境与发展之间的矛盾。①

传统的经济模式（图2-13）在创造了大量社会财富的同时，也以惊人的速度吞噬着自然资源，污染着生态环境，导致资源危机、环境危机的爆发。随后，西方国家开始寻找新的出路解决困境：20世纪70年代的"末端治理方式"，80年代的"资源化治理方式"到90年代的"源头预防和全过程污染控制"，记录着循环经济模式的成长轨迹。这种模式遵循生态学规律，实现了"低开采、高利用、低排放、再利用"的良性循环，提高了自然资源的使用效率，减少甚至杜绝了废弃物的排放。②

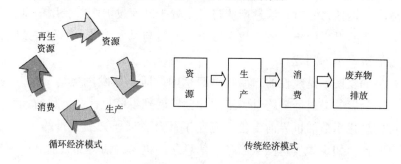

图2-13 循环经济模式与传统经济模式对比

2. 生态专家对生态城市发展的设想

（1）制定政策鼓励个人和企业参与生态城市建设，从根本上扭转当今的生态枯竭和生态滞留状况；

（2）太阳能、风能、生物能和潮汐能等可再生的自然能源取代矿物能源，不可再生资源的消耗大大减少；

（3）产品主要由易降解、易回收、易循环的物质组成，生态滞留周期极大缩短；

（4）水资源不再是困扰大多数城市的限制因子；

（5）用气垫或飞翼代替车轮，多数公路、铁路干线被绿地取代；

（6）便携式、充气式建筑材料的使用扭转城市建筑对自然环境和空间布局影响；

（7）生物工程技术的突破使食物的大规模生产得以实现，农田恢复自

① 朱启贵，李建阳. 信息化：可持续发展之路 [M]. 北京：中国经济出版社，2005。
② 华斌. 数字城市建设的理论与策略 [M]. 北京：科学技术出版社，2004。

然状态；

（8）智能电脑和通信技术发展，大大缩短了工作时间；

（9）城市保健中心自动检测居民的健康状况，变消极治疗为积极健康指导；

（10）城市拥挤现象消失，废物排放减值最少，城市管理职能弱化，决策工作有电脑自动完成；

（11）城乡差别消失，人们的生态意识空前强大，合作共生成为人们的义务和乐趣。[①]

3. 信息化循环经济模式

生态环境问题是发达国家工业化城市发展的共性问题，他们走的是先污染后治理的道路。我国经济发展正处于工业化的攻坚阶段，高能耗、高污染的产业增长迅猛，同时，信息产业自身正处于高速发展之中，用信息技术改造传统产业的过程尚未完成，数字城市的发展与世界先进水平存在差距，还有许多值得重视的问题。

社会的发展不是线性的，而是可跨越的，即"后发优势"。例如，新加坡由一个落后的渔村经济跨过了工业社会发展到了信息社会，目前，新加坡的城市信息化指数居世界前十位，避免了社会发展所必须支付的很多成本。在信息时代，如果说发达国家面临着信息化的机遇的话，那么发展中国家就面临着双重的机遇：既有信息化的发展机遇，又有利用信息化这个最先进的生产力来完成农业、工业现代化的机遇。先前，发达国家只能用传统方法来实现农业和工业的现代化；如今，发展中国家可以用信息化的手段来做同样的事情，这就是后进国家拥有的优势。[②]

2.2.3.2 数字化生态城市

从上一节生态城市模式与信息化循环经济模式可以看出，国内外专家学者都希望能够通过城市数字化手段，加强对城市环境、资源、经济、交通等各个方面的管理和服务，提升城市的整体生态质量和改善居民的生活环境，打造智能和生态一体化的数字生态城市。

数字化生态城市是以城市为主体，以生态城市理论为基础实现高度信息化的城市。它通过数字化的手段对城市要素进行处理，并在政治、经济、文化、社会生活等各个领域广泛应用现代信息技术，不断完善城市数字化服务功能，提高城市管理水平和运行效率，提高城市的生产力和竞争力水平，加

① 李林. 数字城市建设指南 [M]. 南京：东南大学出版社，2010。
② 朱启贵，李建阳. 信息化：可持续发展之路 [M]. 北京：中国经济出版社，2005。

快推进实现城市现代化的进程（图2-14）。

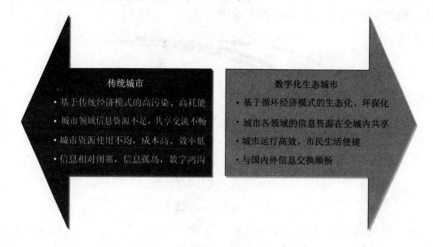

传统城市
• 基于传统经济模式的高污染、高耗能
• 城市领域信息资源不足，共享交流不畅
• 城市资源使用不均，成本高、效率低
• 信息相对闭塞，信息孤岛、数字鸿沟

数字化生态城市
• 基于循环经济模式的生态化、环保化
• 城市各领域的信息资源在全城内共享
• 城市运行高效，市民生活便捷
• 与国内外信息交换顺畅

图2-14　数字化生态城市与传统城市的对比

　　数字化的曹妃甸国际生态城将以综合集成的生态规划理念和数字化技术体系，实现在我国生态相对脆弱的沿海地区开展生态城市建设与发展，并最终实现可借鉴、可复制、可推广的整体实施策略与模式。依靠数字曹妃甸的管理和服务平台，提高城市资源使用效率，发展曹妃甸循环经济，实现节能减排与低碳环保，还绿色于城市，还生态于环境，将曹妃甸建成一个生态优美的宜居乐土。

2.2.4　城市可持续发展理论

2.2.4.1　城市可持续发展的界定

　　可持续发展（Sustainable Development）的核心是发展，是在环保低碳、资源节约的前提下实现经济和社会的发展。而作为承载了世界一半以上人口的城市，其发展是否是可持续的将成为至关重要的因素。中国在经历了改革开放30年的高速发展后，城市经济和社会发展的矛盾及问题日益凸显，其中发展的不可持续性首当其冲。例如建筑行业，每年的建设量接近全球年建设总量的一半，但是其单位建筑面积的能耗却是发达国家的2～3倍，如此发展的不可持续性对环境、资源、社会带来了巨大的负担。

　　目前中国正处于城市化的加速上升期，但是城市化水平只相当于发达国家20世纪60年代的水平，城市化的工作量超过发达国家的总和（图2-15）。当发达国家提出可持续发展概念，并成为全球主流趋势的时候，人均GDP达到25000美元以上，而中国的人均GDP仅为3800美元（2009年），相当于提出低碳城市发展背景经济水平的1/7。这些都要求我们必须走出一条不同于发达国家的成长路线，以创新的模式建设城市，以智慧的方法运行城市，以可持续的方式发展城市。

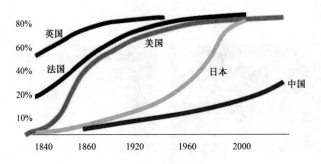

图 2-15　各国城市化的进度对比

城市可持续发展是可持续发展思想在城市中的应用体现，是一种建立在可持续发展思想上的城市发展新模式。它要求城市在实现经济增长的同时，尽可能地减少对自然资源的消耗性索取和对生态环境的建设性破坏。它是一种全新的经济发展模式，强调城市的系统观，城市资源的节约与循环利用，生态环境观念和社会效益。在提高城市居民生活质量的同时，规划建设有利于身心健康的、生态良好的环境，注重当代以及代际公平的享用城市资源，并保持其共享的协调性与持续性。

2.2.4.2　城市可持续发展与数字城市的关系

数字城市是在迫切需要城市可持续发展的大背景下进入人们的视野，并迅速激起了整个社会的热情，它为我们研究城市可持续发展提供了非常有利的条件。通过数字城市平台，可以在计算机中对整个城市变化的过程、规律、影响以及相应对策进行各种模拟和仿真，从而提高人类应付城市变化的能力。它可以广泛地应用于对城市气候变化、生态环境变化、土地利用变化和城市人文素质变化的监测。与此同时，它还可以对社会可持续发展的许多问题进行综合分析与预测，如自然资源与经济发展，人口增长与社会发展，灾害预测与防御等。

利用数字城市解决经济结构不合理，资源消耗过大和社会发展不均衡等问题，已然成为各项事业和改革的助推器，成为促进社会全面、协调、可持续发展的抓手。特别是利用数字城市的优势，以缩小"数字鸿沟"带动"经济鸿沟"的缩小，以实施"信息公平"促进"经济公平"。① 由此，数

---

①　广州市信息化办公室，广东省社会科学院产业经济研究所联合课题组．城市信息化发展战略思考——广州市国民经济和社会信息化十一五规划战略研究［M］．广州：广东经济出版社，2006。

字城市发展模式成为了从传统高能耗、高排放的发展模式转向可持续发展模式的首选和桥梁。

数字城市的实施也是实现城市可持续发展的重要途径。它对于优化资源配置，提升城市综合实力具有极其重要的意义，为经济全球化和全球城市体系的实现提供坚实的基础。在这里，信息将作为重要的资源和生产力要素参与到城市建设和发展中，并对人流、物质流、资金流进行统一管理和配置。[①] 因此，如何快速有效地获取城市各个方面的信息，实现信息资源的交流和共享，以此进行综合分析及辅助决策，将成为数字城市可持续发展的重要标志。

2.2.5 信息经济学测度理论

2.2.5.1 信息化测度理论及其模型

"测度"的含义是评价、预测和促进，测度指标体系和评价结果对数字城市的实施将产生重要的指导作用。关于信息化测度理论的研究在国内还处于初级阶段，因此本节将研究国际上著名的马克卢普和波拉特的信息经济学基础理论。

1. 马克卢普的信息经济论

美国经济学家弗里茨·马克卢普（Fritz Machlup）是信息经济学的创始人之一，他在《美国的知识生产与分配》一书中首次提出"知识产业"这一概念，并将它划分为 5 大类共 30 个产业组成。其中，5 大类包括教育、研究与开发、通信媒介、信息设备、信息服务，根据这一划分理论建立了美国知识生产与分配的最早的测度体系——马克卢普信息经济测度范式（表2-7）。[②]

知识的生产与支出　　　　　　　　　　　　　表2-7

		（百万美元）	（%）
知识产业	教育	60194	44.1
	研究与开发	10990	8.1
	通信媒介	38369	28.1
	信息机械	8922	6.5
	信息服务	17961	13.2
	合计	136436	100.0

---

① 王浒，李琦，承继成. 数字城市与城市可持续发展［J］. 中国人口、资源与环境，2001（2）：114-118。

② 崔保国. 信息社会的理论与模式［M］. 北京：高等教育出版社，1999。

		（百万美元）	（%）
知识的支出	政府支出	37968	27.8
	企业支出	42198	30.9
	消费者支出	56270	41.3
	合计	136436	100.0
生产品	最终生产品（投资及消费）	109204	80.8
	中间生产品（经费）	27232	20
	合计	136436	100

来源：转引自崔保国. 信息社会的理论与模式［M］. 北京：高等教育出版社，1999

作为宏观信息经济测度理论和方法的创始人，"知识产业"与"信息经济"的奠基者，马克卢普所作的"知识产业"测度首次揭示了知识产业对美国经济的巨大贡献，他的思想至今还对我们的信息化测度研究具有重要的指导意义。但是，马克卢普方法也存在诸多不足，如其中的测算数据不易获取，可操作性差，并且有相当一部分数据被重复计算，从而削弱了测算结果的准确性。①

2. 波拉特的信息经济论

美国信息经济学家马克·波拉特（Mac Porat）在马克卢普"信息经济论"基础上提出了"信息经济测度方法"。该理论体系的基本要点是：首先，划分社会经济——将整个经济体系划分为农业、工业、服务业和信息业四大产业；其次，划分信息产业——在全社会所有的信息活动范畴内，将社会信息部门划分为一级信息部门（由所有向市场提供信息产品和信息服务的企业构成）和二级信息部门（由政府管理部门和民间公共部门构成），从而构成一种独立的信息产业体系；最后，测量信息产业规模——采用两个指标，即信息部门增加值占国民生产总值的比重，信息部门就业人数占总就业人数的比重（表2-8）。②

波拉特与马克卢普二人共同奠定了信息经济学的基础理论，波拉特所作的"通过对社会信息部门的不同定义来测度信息经济对国民经济的贡献"是具有开创性的。但是，波拉特方法也有不足之处，如对信息产业的划分缺

---

① 吴伟萍. 城市信息化战略：理论与实证［M］. 北京：中国经济出版社，2008。
② 崔保国. 信息社会的理论与模式［M］. 北京：高等教育出版社，1999。

乏统一的标准，对具体指标的统计测算复杂，对统计资料的要求较高等。①

信息经济结构（单位：百万美元）　　　　　　　　表2-8

生产者	中间消费者			最终需求	与GNP之比
	第一次信息部门	第二次信息部门	非信息部门		
第一次信息部门	69754	78917	0	174585	21.9%
第二次信息部门	0	616	227778	27440	3.4%
非信息部门	59538	0	571503	593363	74.6%
附加价值	199642	167826	427920	GNP（附加价值＋最终需求）＝795388	
与GNP之比	25.1%	21.1%	53.8%		

来源：转引自朱伟珏．信息社会学：理论的谱系研究［J］．国外社会科学，2005（5）

信息经济学测度理论的模型主要有以下几类：

1. 日本的信息指数法

日本信息经济学家小松崎清介提出了一种测度社会信息化水平的方法——社会信息化指数法，其中包括信息量、信息装备率、通信主体水平、信息系统4大类共11项指标（表2-9）。此种社会信息化指数法包含的内容较为全面、具体，计算方法也易于操作。但是，其指标体系并不十分完善，且各个指标没有权重系数，不能完全真实地反映一个国家或地区的信息化水平。②

日本社会信息化指数指标体系　　　　　　　　表2-9

大　　类	指　　标
信息量	每人发信数/年
	每人电话通过次数/年
	每百人报纸发行数/天
	每万人书籍发行网点数/年
	人口数/平方公里
信息装备率	电话机数/百人
	电视机数/百人
	计算机数/百人

① 华斌．数字城市建设的理论与策略［M］．北京：科学技术出版社，2004。
② 华斌．数字城市建设的理论与策略［M］．北京：科学技术出版社，2004。

大　　类	指　　　标
通信主体水平	第三产业就业人数/全部就业人数
	在校大学生数/百人
信息系统	非商品支出/个人消费支出

2. 美国的信息社会指数法

美国国际数据公司（IDC）通过研究与信息社会相关的指标，找出其中与信息投入占 GNP 的相关性最大的指标，形成"信息社会指数"（ISI），其中包括 4 大类共 23 项指标（表 2-10）。该指标体系的优点在于加入了大量具有时代特征的信息化指标，但缺点是过于重视信息基础设施，而忽略了社会信息化的其他内容。①

美国信息社会指数指标体系　　　　　　　　　　　　表 2-10

大　　类	指　　　标
社会基础结构	高等教育人数比例、中等教育人数比例、报纸发行量、新闻自由程度、公民自由度
信息基础结构	家庭电话普及率、电话故障发生率、人均收音机拥有量、人均电视机拥有量、人均传真机拥有量、人均移动电话拥有量、有线电视和卫星电视覆盖率
计算机基础结构	软硬件费用比、电脑联网比例、教育电脑数量、政府电脑数量、社区电脑数量、家庭电脑数量
因特网基础	电子商务、因特网主机数、因特网供应商、因特网家庭用户、因特网商务用户

3. 中国的信息化指标体系

中国原信息产业部公布的信息化指标体系是根据我国对信息化定义的 6 个要素构成的。在这 6 个要素中，选择有统计数据的指标进行关联度测定后，筛选出相互独立的 20 个具体指标构成了这个信息化指标体系（表 2-11）。从中不难发现，设计者依然侧重于信息基础设施与信息产业的成分，使得指标体系与信息经济学的联系更加深刻。该指标体系出台后，原信息产业部进行了几次全国范围的信息化水平评价，促进了我国城市信息化的发

---

① 吴伟萍. 城市信息化战略：理论与实证［M］. 北京：中国经济出版社，2008。

展,明晰了城市"数字鸿沟"的实际状况,为科学决策提供了依据(表2-12)。

中国信息化指标体系

表2-11

序号	指标名称	指标解释	指标单位	资料来源
1	每千人广播电视播出时间	目前,传统声、视信息资源仍占较大比重,用此指标测度传统声、视信息资源	小时/千人(总人口)	根据广电总局资料统计
2	人均带宽拥有量	带宽是光缆长度基础上通信基础设施实际通信能力的体现,用此指标测度实际通信能力	千比特/人(总人口)	根据信息产业部资料统计
3	人均电话通话次数	话音业务是信息服务的一部分,通过这个指标测度电话主线使用率,反映信息应用程度	通话总次数/人(总人口)	根据信息产业部、统计局资料统计
4	长途光缆长度	用来测度带宽,是通信基础设施规模最通常使用的指标	芯长公里	根据信息产业部、统计局资料统计
5	微波占有信道数	目前微波通信已经呈明显下降趋势,用这个指标反映传统带宽资源	波道公里	根据信息产业部、统计局资料统计
6	卫星站点数	由于我国幅员广阔,卫星通信占有一定地位	卫星站点	根据广电总局、信息产业部、统计局资料统计
7	每百人拥有电话主线数	目前,固定通信网络规模决定了话音业务规模,用这个指标反映主线普及率(含移动电话数)	主线总数/百人(总人口)	根据信息产业部资料统计
8	每千人有线电视台数	有线电视网络可以用作综合信息传输,用这个指标测度有线电视的普及率	有线电视台数/千人(总人口)	根据广电总局、统计局资料统计
9	每百万人互联网用户数	用来测度互联网的使用人数,反映出互联网的发展状况	互联网用户人数/百万人(总人口)	根据CNNIC、统计局资料统计
10	每千人拥有计算机数	反映计算机普及程度,包括单位和个人拥有的大型机、中型机、小型机、PC机	计算机拥有数/千人(总人口)	根据统计局住户抽样数据资料统计
11	每百户拥有电视机数	包括彩色电视机和黑白电视机,反映传统信息设施	电视机数/百户(总家庭数)	根据统计局住户抽样资料统计

序号	指标名称	指标解释	指标单位	资料来源
12	网络资源数据库总容量	各地区网络数据库总量及总记录数、各类内容（学科）网络数据库及总记录数构成，反映信息资源状况	吉（G）	在线填报
13	电子商务交易额	指通过计算机网络所进行的所有交易活动（包括企业对企业，企业对个人，企业对政府等交易）的总成交额，反映信息技术应用水平	亿元	抽样调查
14	企业信息技术类固定投资占同期固定资产投资的比重	企业信息技术类投资指企业软件，硬件，网络建设、维护与升级及其他相关投资，反映信息技术应用水平	百分比	抽样调查
15	信息产业增加值占 GDP 比重	信息产业增加值主要指电子、邮电、广电、信息服务业等产业的增加值，反映信息产业的地位和作用	百分比	根据统计局资料统计
16	信息产业对 GDP 增长的直接贡献率	该指标的计算为：信息产业增加值中当年新增部分与 GDP 中当年新增部分之比，反映信息产业对国家整体经济的贡献	百分比	根据统计局资料统计
17	信息产业研究与开发经费支出占全国研究与开发经费支出总额的比重	该指标主要反映国家对信息产业的发展政策，从国家对信息产业研发经费的支持程度反映国家发展信息产业的政策力度	百分比	根据科技部、统计局资料统计
18	信息产业基础设施建设投资占全部基础设施建设投资比重	全国基础设施投资指能源、交通、邮电、水利等国家基础设施的全部投资，从国家对信息产业基础设施建设投资的支持程度反映国家发展信息产业的政策力度	百分比	根据信息产业部、广电总局、统计局资料统计
19	每千人中大学毕业生比重	反映信息主体水平	拥有大专毕业文凭数/千人（总人口）	根据统计局资料统计
20	信息指数	指个人消费中除去衣食住外杂费的比率，反映信息消费能力	百分比	根据统计局资料统计

来源：国家信息化评测中心

中国城市信息化发展水平综合集成分类　　　　表2-12

区　　域	因素综合得分	因素排序	分　　类
上海	2.2120	1	
北京	1.9425	2	信息发展水平强大区Ⅰ
天津	1.0751	3	
广东	0.6062	4	
浙江	0.3085	5	
福建	0.2635	6	信息发展水平较强区Ⅱ
辽宁	0.2590	7	
江苏	0.2203	8	
山东	0.0408	9	
吉林	− 0.0015	10	
河北	− 0.0365	11	
海南	− 0.0776	12	
新疆	− 0.1053	13	Ⅲ1　信息发展水平一般区Ⅲ
黑龙江	− 0.1320	14	
河南	− 0.1441	15	
湖北	− 0.1483	16	
山西	− 0.1629	17	
内蒙古	− 0.2409	18	
安徽	− 0.2639	19	Ⅲ2　信息发展水平一般区Ⅲ
陕西	− 0.3002	20	
湖南	− 0.3619	21	
重庆	− 0.3672	22	
宁夏	− 0.3748	23	
江西	− 0.3807	24	
甘肃	− 0.4076	25	
广西	− 0.4210	26	Ⅳ1　信息发展水平低下区Ⅳ
云南	− 0.4212	27	
四川	− 0.4292	28	
青海	− 0.4310	29	
贵州	− 0.7087	30	Ⅳ2　信息发展水平低下区Ⅳ
西藏	− 1.0113	31	

来源：转引自蔡良娃. 信息化空间观念与信息化城市的空间发展趋势研究［D］. 天津：天津
　　　大学，2006

2.2.5.2　数字城市测度问题

　　数字城市的测度就是关于城市数字化程度的测度问题，由于数字城市即城市信息化，因此城市信息化测度理论也适用于数字城市进行相关测度。但是，信息化测度理论更多地是为城市信息化的量化提供指导作用，而在此理论指导下的数字城市测度应该更多地侧重于城市信息应用系统的完整性，城市信息资源管理的科学性，城市信息法规体系的健全性等方面的指标。

数字城市系统是一个虚拟的城市系统，对城市数字化水平和系统支撑环境的评价应该是数字城市测度理论的首要目标。该测度方法应该引导城市政府以基础通信设施和信息基础设施建设为核心，以全面的信息资源共享为手段，以智能化的应用服务为目标。数字城市测度是数字城市理论基础的一个必然组成部分，它对数字城市的实施与运行具有指导意义（表2-13）。

数字城市测度指标分类 表2-13

分类名称	分类层面	评价目的	数据来源
城市基础通信设施建设水平	基础通信设施	城市基础通信设施建设与使用的合理性	通信局、网络运营商等部门提供
城市信息基础设施建设水平	信息基础设施	城市数字化程度	规划、环保、公用设施管理等部门提供
城市信息资源管理水平	资源管理	城市信息资源管理与服务能力	信息管理、安全认证、支付管理等部门提供
城市数字化服务水平	应用服务	数字城市平台系统服务水平	信息办组织社会调查
城市信息法规、政策普及水平	政策与法规	数字城市系统的法规、政策保障水平	信息办组织整理
城市信息安全管理水平	安全与管理	数字城市系统的安全性	信息办、统计局组织完成
城市数字化人才状况	数字化人才	城市数字化人才现状	教育、人事等部门提供

2.3 数字城市的技术支撑

2.3.1 技术支撑分类概述

数字城市的技术支撑大致可以划分为地理信息技术、宽带网络技术、数据存储技术、数据分析技术、信息展示技术和信息安全技术等6类(图2-16)。①

2.3.1.1 地理信息技术

地理信息技术是采集、处理城市地理信息的各种技术，包括地理信息系统（GIS）、遥感技术（RS）和全球定位系统（GPS）等。地理信息技术(3S)是以数字化的方式把现实城市的各种信息录入计算机系统中，经过数据加工、分析和处理之后，以直观便捷的方式提供使用，因此，它是数字城

---

① 仇保兴. 中国数字城市发展研究报告［M］. 北京：中国建筑工业出版社，2011。

市的关键技术支撑。关于地理信息技术中各种系统在数字城市和现实城市中的应用将在下一节"关键技术的应用"中详细研究。

2.3.1.2 宽带网络技术

宽带网络技术的发展使得人与物都可以通过网络进行联结。目前主要的宽带网络技术包括互联网技术、物联网技术、无线通信技术和三网融合技术等。宽带网络技术是数字城市基础通信设施建设的基础技术，关于城市光网、无线城市和城市物联网的介绍将在3.1节中详细研究。

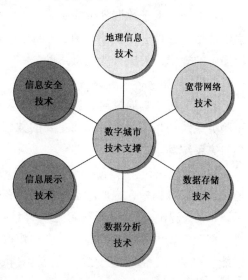

图2-16　数字城市的技术支撑

（1）互联网技术：互联网是建立在TCP/IP协议之上的国际计算机网络，是目前应用范围最广，数据最丰富，服务最多样的网络系统。

（2）物联网技术：物联网是通过射频识别、红外感应器、全球定位系统、激光扫描器等信息传感设备，按约定的协议，把现实物体与互联网联结起来，进行信息交换和通信，以实现对物体的智能化识别、定位、跟踪、监控和管理的一种网络。

（3）无线通信技术：无线通信是利用电磁波信号的自由传播方式进行信息交换的一种通信技术，是近年发展最快，应用最广的信息通信技术。

2.3.1.3 数据存储技术

城市信息资源的数据是海量的，为了处理和分析方便，首先要对数据进行有效的存储管理，目前的主要数据存储技术包括海量存储技术、数据库技术和数据仓库技术等。

（1）海量存储技术：海量数据的存储能力是实现数字城市的基本条件，常用的海量存储设备是磁盘阵列和磁带库。磁盘阵列容量大，速度快，单阵列的容量已经到了PB级别（10^6GB），并能进行热插拔、校验及异地备份，具有极大的可靠性和故障恢复能力。磁带库的容量更是达到几百PB。同时，通过将磁盘阵列和磁带库连接到存储网络（SAN），可以更多地扩充和配置存储空间。

（2）数据库技术：数据库技术通过将数据按照特定的数据模型进行定义和管理，实现对海量数据进行有效存储和操作的系统。关系型数据库是目前最常见的数据库类型。

（3）数据仓库技术：数据仓库技术是近年来兴起的新型数据库应用技术，它更加侧重于数据分析和决策支持。为此，数据仓库需要从不同数据源集成数据，并且进行整理、加工和综合，最后利用各种数据分析技术挖掘数据当中的规律，为决策者提供帮助。

2.3.1.4　数据分析技术

数据分析工具通过对数据的加工，发掘其中的知识和规律，可以增加应用服务系统的智能程度。目前主要的数据分析技术包括数据挖掘、机器学习和专家系统等。

（1）数据挖掘：数据挖掘是从大量的、不完全的、有噪声的、模糊的、随机的现实数据中，提取隐含其中的潜在的有用信息和知识的过程。

（2）机器学习：机器学习是研究计算机如何模拟或实现人类的学习行为，以获取新的知识或技能，重新组织已有的知识结构使其不断改善自身的性能。它是人工智能的核心，是使计算机具有智能的根本途径，其应用遍及人工智能的各个领域。

（3）专家系统：专家系统是一个智能计算机系统，其内部包含大量的某领域专家知识和经验，能够利用人类专家的知识和解决问题的方法来处理该领域问题。

（4）模式识别：模式识别是指对现实事物或现象的各种形式的信息进行处理和分析，以对事物或现象进行描述、辨认、分类和解释的过程，是信息科学和人工智能的重要组成部分。

2.3.1.5　信息展示技术

多数信息系统需要通过人机互动界面将信息展示给用户，这就是信息展示技术，主要包括数据可视化技术、虚拟现实技术（VR）和人机交互技术等。

（1）数据可视化技术：数据可视化旨在借助于图形化手段，清晰有效地传达信息，从而实现对复杂的数据集的深入了解。

（2）虚拟现实技术：虚拟现实就是利用电脑模拟生成一个三维空间的虚拟世界，从视觉、听觉和触觉等方面提供给使用者模拟体验，让用户如同身临其境般地观察和感受三维空间内的事物。

（3）人机交互技术：人机交互技术是指通过计算机输入、输出设备，以有效的方式实现人与电脑对话的技术。

2.3.1.6　信息安全技术

信息安全技术是指用于保护信息网络的硬件、软件及其系统中的数据不受偶然的或恶意的破坏、更改和泄漏的技术，它是数字城市系统的安全保障技术。

2.3.2 关键技术的应用

数字城市技术支撑中的关键技术是"3SVR"（GIS、GPS、RS、VR）技术及其集成，现实城市的变化是通过"3SVR"技术的数字方式录入计算机网络系统从而实现数字城市服务的（图2-17）。其他如数据库技术、宽带网络技术、分布式计算及信息共享技术、信息采集与数据管理技术、信息安全技术等，也是数字城市技术支撑不可或缺的一部分（图2-18）。

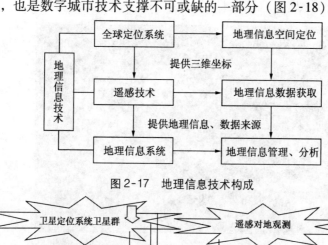

图2-17 地理信息技术构成

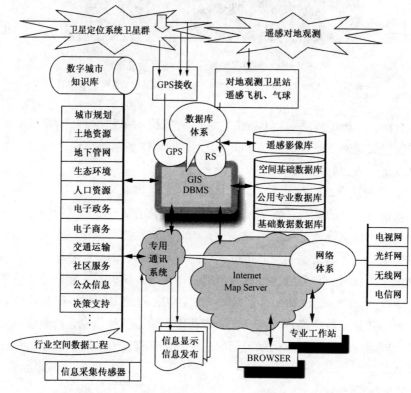

图2-18 数字城市的技术框架

来源：数字城市的系统结构与应用［EB/OL］. http://www.docin.com/p-60330714.html

2.3.2.1　地理信息系统的应用

地理信息系统（Geographic Information System，GIS）是以地理空间数据库为基础，为城市研究和管理决策服务的计算机信息系统（图2-19）。GIS技术是数字城市实施中最关键的技术之一，从技术角度来说，数字城市系统平台可以看作是GIS的扩充与发展，① 城市公共信息服务平台和各种应用系统一般都是基于GIS系统开发的。②

图2-19　美国田纳西州数字地理信息系统

来源：张超. GIS应用于数字城市的理论与实践演示文件［Z］. 2004

目前，地理信息系统（GIS）技术已从传统的单机系统、客户端/服务器系统发展到网络服务系统（Web GIS）和网格服务系统（Grid GIS），主要包括以下几方面的内容：③

1. 面向城市地理信息系统的基础软件平台支撑技术

城市信息资源共享是数字城市的核心，而城市基础地理空间信息共享又是实现城市信息资源共享的关键。只有当城市信息被定位在城市基础地理空间数据上时，才能反映其空间定位或空间分布特征。因此，各个城市在实施数字城市工程时，首先要建设城市基础地理信息系统，其主要任务是管理城市1:500、1:1000、1:2000、1:5000、1:10000的地图数据，以及城市数字正射影像数据、数字高程模拟数据，将其作为城市各种信息系统整合的基础框架。同时，数字城市应用系统层的各种系统都需要有地理信息系统软件作

①　钱健，谭伟贤. 数字城市建设［M］. 北京：科学出版社，2007。
②　郝力，谢跃文等. 数字城市［M］. 北京：中国建筑工业出版社，2010。
③　王家耀，宁津生，张祖勋. 中国数字城市建设方案推进战略研究［M］. 北京：科学出版社，2008。

为支撑条件。

2. 面向城市地理信息共享的基于 Web GIS 的数据互操作技术

网络技术与 GIS 的结合形成 Web GIS 系统，使其应用扩展到各个应用领域和地理区域，并且出现了大量不同类型、分布、异构数据库或地理信息系统，它们由不同的政府机构、商业组织、企业和个人根据需求在不同的软件平台或数据库管理系统下创建和维护。Web GIS 具有自包含、自组织、自描述、模块化、标准化、网络化、开放性、语言独立、互操作、动态性等特性，这些使 Web GIS 成为现在及未来地理信息共享和互操作的重要途径和发展趋势。

3. 面向政府综合决策的基于 Grid GIS 的城市信息资源共享技术

网格技术是构筑在高速互联网上的将网络、计算机、数据库、传感器、远程设备等融为一体的新型技术。Grid GIS 是实现城市各部门站点之间资源共享和协同工作的关键技术，对政府跨部门的综合决策，特别是应急指挥决策和数字化城市管理尤其重要，无论用户在何种服务终端上，Grid GIS 都能为政府综合决策提供集成的城市空间信息服务和协同解决问题的功能。

4. 面向公众的基于"一站式"门户的城市空间信息资源服务技术

基于"一站式"门户的城市空间信息资源服务技术，是实现空间信息服务大众化的关键技术。该服务系统的建立是数字城市实施的根本目的，它是服务于社会大众、企业、行业和政府的标志性工程，对改变广大社会公众的工作、学习、生活、文化和交往方式具有重要作用，对促进城市信息化建设、构建和谐社会具有重要意义。

地理信息系统萌芽于 20 世纪 60 年代，并在近 30 年中迅速发展，广泛应用于各个领域（图 2-20）。① 根据国家测绘局 2010 年发布的数字显示，国土管理和城市规划是地理信息系统空间信息平台最主要的应用领域，约占 33%（图 2-21）。而基于 GIS 的城市规划管理系统是地理信息系统最成功的应用范例之一（图 2-22）：②

（1）城市规划管理系统利用 GIS 对空间数据的管理功能，将各种比例尺的地形图数据以空间数据库的方式管理入库，供规划工作人员查询信息和编辑使用，极大地方便了规划审批工作；

（2）城市规划管理系统利用 GIS 对属性数据的管理功能，将各种建筑

---

① 潘懋，金江军，承继成. 城市信息化方法与实践［M］. 北京：电子工业出版社，2006。

② 吴俐民，丁仁军等. 城市规划信息化体系［M］. 成都：西南交通大学出版社，2010。

物的属性信息，包括建筑物的结构、层数、建设年代、用途、权属等录入数据库进行统一管理，让规划审批人员全面地了解规划区域的属性信息，以便更加科学地规划决策和审批；

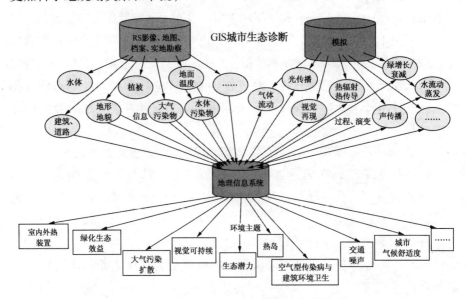

图 2-20　地理信息系统的应用领域

来源：香港中文大学，2010

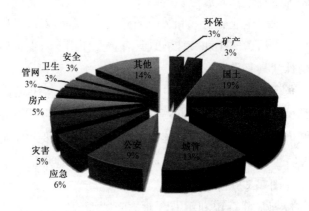

图 2-21　地理信息系统的应用统计

（3）城市规划管理系统利用 GIS 的空间分析功能，可以辅助城市规划设计进行决策，为城市规划方案落实到地上提供了最有效的信息分布与管理手段。

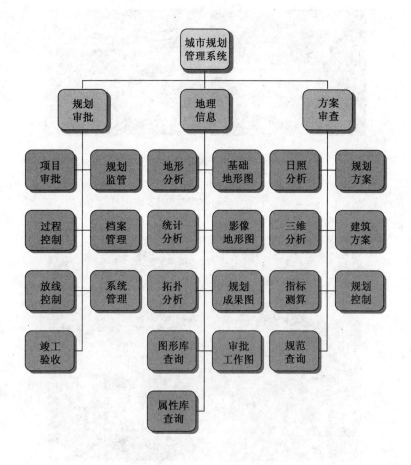

图 2-22　城市规划管理系统

2.3.2.2　遥感技术的应用

遥感（Remote Sensing，RS）技术是一种通过卫星、飞机等设备携带传感器，在不直接接触研究对象的情况下，获取其表面特征和图像信息的技术（图 2-23）。[①] 它是获取和更新空间数据的主要手段，是目前最先进、最有效的空间信息获取方法（图 2-24，）。它不仅可以获取及处理有形的信息，如山川河流等自然形态，滑坡崩塌等自然灾害和房屋道路等人工造物，而且可以获取和处理无形的信息，如大气污染、城市热岛、交通流量、人口密度等。[②]

① 郝力，谢跃文等.数字城市［M］.北京：中国建筑工业出版社，2010。
② 钱健，谭伟贤.数字城市建设［M］.北京：科学出版社，2007。

图 2-23　航天遥感与航空遥感

来源：http：//news. china. com. cn/rounews/2010-05/17/content-2167030. htm；

http：//mint. ccidnet. com/art/32559/20121210/4541365. html

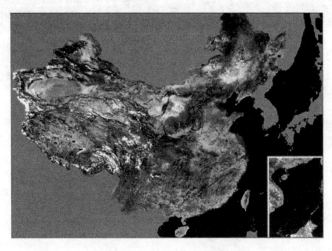

图 2-24　中国遥感影像图

来源：张超. GIS 应用于数字城市的理论与实践演示文件［Z］. 2004

　　当前在数字城市实践中使用的遥感技术主要有三个方面：①

1. 高分辨率遥感影像

　　随着传感器技术的飞速发展，遥感卫星的空间分辨率民用可以达到 0.8 ~ 1m，基本可以满足城市空间数据采集的需要；而军事侦察的空间分辨率则更高，一般可以达到 0.3m。由于高分辨率的民用卫星在轨道上运行的数目已经有若干个，所以基本上也可以满足时间分辨率上的需要。航空遥感则具有很大的灵活性和机动性，空间分辨率和时间分辨率不受限制，所以深受欢

---

① 王家耀，宁津生，张祖勋. 中国数字城市建设方案推进战略研究［M］. 北京：科学出版社，2008。

迎，而且它还可以进行高光谱成像，波段可以从数十个到百多个，具有很高的光谱分辨率，可以满足城市空间数据的采集、更新和监测的需要。

2. 城市三维重建技术

数字城市中建筑物三维重建是一项十分重要的工作，城市三维景观模型是数字城市最重要的信息数据。在三维城市重建中，首要问题是数据源。在此基础上，融合多种数据源建模三维城市，可以较好的弥补单一数据源的不足，能够提高自动化程度。以航空影像为主、地面影像为辅进行计算机辅助的城市三维建模效果较好，目前应用软件有 Google Earth、Virtual Earth 等，这将极大地提升人们在城市建设更新、城市规划管理、历史建筑保护、环境污染治理等方面的能力。

3. 城市变化检测技术

随着城市化进程的加快，用地面积每年都在发生着重大的变化。因此，研究城市中居住用地、道路和水系三大目标变化信息的提取至关重要。当前，遥感影像已成为获取城市地理信息的一个重要来源，研究如何自动获取城市主要地物的变化信息，提高空间数据库的更新效率和缩短作业周期，都是非常重要的。

遥感技术具有覆盖范围大，重复覆盖周期短等特点，故其获取信息的现实性更强，这对日新月异变化着的城市是非常重要的。遥感技术在当下城市规划中的应用范围也很广，主要包括：①

1. 城市规划编制与管理的基础数据

将遥感数据按照国家基本比例尺地形图图幅范围裁剪调整后，生产数字正射影像数据集。它具有精度高、信息足、直观强等优点，可以作为背景信息，评价其他数据的精度、现实性和完整性。另外，目前由于城市测绘部门地形图数据更新不及时，现实性不强，可以直接使用遥感影像图作为规划编制和管理的背景图或现状图，提高城市规划管理与决策的科学性和准确性。

2. 城市基础属性数据获取

利用遥感技术可以比较容易地获取城市基础属性数据与位置信息。其中主要包括：城市发展的历史资料，城市建筑的密度与布局，城市的路网结构、土地的利用与变更数据、城市绿地系统数据、城市灾害数据、环境资源的污染与治理数据、水资源的污染与治理数据、噪声污染及其程度数据等。在这些数据基础上加工还可以派生出其他信息资料，如人口密度统计、城市视野分析等。

---

① 吴俐民，丁仁军等．城市规划信息化体系［M］．成都：西南交通大学出版社，2010。

3. 城市规划和建设中的公众参与

联系公众和城市管理部门最有效的途径之一就是城市遥感影像图。公众能够通过这种直观、便捷的方式感受到城市的发展与变化，并对城市建设和发展提出意见和建议。公众对城市发展的关注、参与和监督必将更好地促使城市的完善。数字城市是一个开放的系统平台，它需要公众的监督和参与，而城市遥感影像图为其提供了良好的切入点。

4. 城市发展的监管

城市发展在时间域和空间域上的表现是一个连续渐变和空间变化的过程，而城市发展的监管也应相对地展开，遥感技术就可以帮助实现这个要求。如通过对比分析项目的遥感资料和报建的审批材料，实现对城市在建和新建项目的监控调查，及时发现并制止超出审批范围的建设和无规划审批手续的项目，有效地解决了过去城市发展建设中的监管盲区问题（图2-25）。

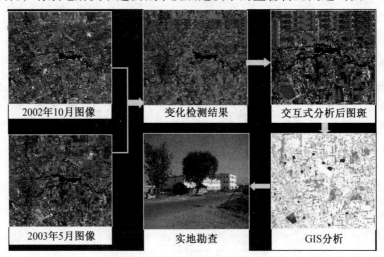

图2-25　基于遥感影像的北京市违章建筑动态监测

来源：李德仁. 数字地球加上物联网将走向智慧地球［EB/OL］. http://news. 3snews. net/technology/20100512/8714. shtml

5. 遥感数据与地理信息系统相结合

遥感数据与地理信息系统相结合，一方面提高了遥感数据的定性、定量分析水平，另一方面可以使 GIS 系统不断获得新的数据信息，实现了专题信息数据库和地理数据库的实时更新，具有动态分析功能及高效的使用价值。

2.3.2.3　全球定位系统的应用

全球导航卫星系统主要有美国 GPS 系统、俄罗斯 GLONASS 系统、中国 CNSS 系统和欧盟筹建中的 GALILEO 系统。它们的系统原理和方法相似，空间布局如图2-26所示，目前应用最广泛的是 GPS 系统。① 全球定位系统 (Global Positioning System，GPS) 是一个全天候、高精度和全球性空间导航卫星定位系统 (图2-26)。

图2-26　全球卫星定位系统

来源：卫星定位系统 [EB/OL]. http://www.hudong.com/versionview/

XRQBRC，UcEWl5EalB，BA1YAQA

全球定位系统由空间部分（GPS 卫星星座）、地面控制部分（地面监控系统）、用户设备部分（GPS 信号接收机）三个部分共同组成了一个完整的系统。它具有定位、导航、天气预报、应急通信和核爆检测等功能，可以满足数字城市对各种实时数据的需求。②

全球定位系统在数字城市实践中的应用十分广泛，主要体现在：③

（1）数字城市空间参考基准的建立。

数字城市几乎所有的空间数据信息必须基于一定的空间参考基准，这个往往是通过建立城市平面控制系统即城市基本控制网来实现的。目前的标准方法是利用 GPS 技术建立城市基本控制网，它具有精度高且均匀，费用低廉，劳动强度低，作业效率高等优点。此外，利用 GPS 技术建立高质量的施工控制网，可以在城市地铁与隧道开挖，城市桥梁建设，大型土建工程中发挥巨大的作用。

（2）基于数字城市平台的 GPS 导航服务。

①　吴俐民，丁仁军等. 城市规划信息化体系 [M]. 成都：西南交通大学出版社，2010。

②　全球定位系统 [EB/OL]. http://baike.baidu.com/view/68567.htm。

③　钱健，谭伟贤. 数字城市建设 [M]. 北京：科学出版社，2007。

基于数字城市平台的 GPS 导航服务是以城市电子地图为基础，以车载 GPS 定位技术为支撑的。根据实时城市交通状况，流动端和枢纽端显示以电子地图为背景的车辆运行轨迹，并根据需求提供服务信息，如安全监控、最佳路线、导航调度等，实现车辆的自主导航和全局调度。

（3）改善市民的生活质量。

利用 GPS 手表、手机和导航汽车等信息终端，以多种操作简便的方法和人性化的方式发出各种请求，并获得各类不同的响应地点与信息准确的帮助，改善市民的生活质量，提升城市的社会和经济效益。

城市空间基础信息采集与更新是数字城市实施的基础，而 GPS 系统可以实时获取带有时间标记的空间基础信息，以满足数字城市的多种信息需求。GPS 系统在城市规划、建设和管理中发挥着巨大的作用，具体如下：①

（1）快速建立城市测量控制网或无控制网测量系统。

城市的发展变化日新月异，每天进行大量的城市建设和工程施工等，这些都需要测绘作为基础，尤其是测绘控制的坐标。由于道路翻新、改造、扩建的频繁，约 70% 的静态控制点被破坏，严重制约了城市规划、建设和管理的基础信息资料。GPS 技术实现了从传统的地面控制飞跃到无控制网系统，不受城市建设因素的影响（图 2-27）。

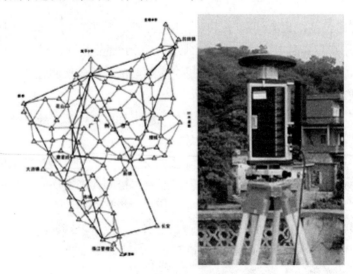

图 2-27　广州市 GPS 平面控制网

来源：广州市 GPS 首级 Ⅱ 等平面控制网测量 ［EB/OL］. http：//www. gzpi. com. cn/seach_ all0. asp？GL＝34

---

① 吴俐民，丁仁军等. 城市规划信息化体系 ［M］. 成都：西南交通大学出版社，2010。

（2）为城市规划管理信息系统提供实时更新的 GIS 数据，提供准确及时的定位信息服务。

目前很多部门只注重 GIS 系统的建立，却忽视了 GIS 数据的动态更新，导致错误的决策结果。而 GPS 系统的建立，将能够实时、动态地更新地理信息，为城市管理的正确决策提供可靠的保障。

（3）为规划放线和竣工测量提供实时的高精度控制点。

数字化的竣工测量是不断完善和更新城市基础地理信息系统的重要数据资源，确保城市地形图现实性、动态更新的重要手段。GPS 系统的建立能够及时地解决问题，保障规划方案严格、准确、科学地实施。

2.3.2.4　虚拟现实技术的应用

虚拟现实（Virtual Reality，VR）也被称为三维虚拟现实或者虚拟现实仿真，它是信息可视化最有效的体现，是由计算机生产的高级人机交互系统。它将视景系统、仿真系统和模拟三维环境合而为一，利用图形眼镜、头盔显示器、立体声耳机、脚踏板、数据服、数据手套等传感装置，把操作者与计算机生成的三维虚拟环境联结在一起。通过传感装置与虚拟环境的交互作用，操作者可以轻松获得视觉、听觉、触觉等多种感知，并对虚拟实体进行实时动态操纵和改变的虚拟环境（图 2-28）。

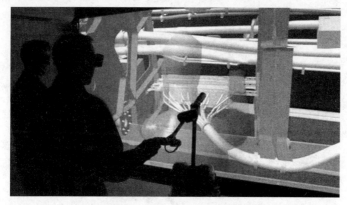

图 2-28　虚拟现实交互平台

来源：虚拟现实［EB/OL］. http://www.cgtiger.com/ch/vr.asp

虚拟现实技术，就是利用计算机生成一个逼真的、三维的虚拟环境，人们通过使用各种传感设备与其互动作用的一种高技术模拟系统。其特点是将过去只擅长于处理数字化单维信息的计算机发展成为能够处理适合人的特性的多维信息的空间。它将提供一种能使人沉浸其中、超越其上、进出自如、交互作用的环境，即沉浸—交互—想象（Immersion-Interaction-Imagination），为人们认识和改造世界提供了强大的武器。① 在虚拟现实技术的条件下,虚拟的数字化城市代替了传统的二维抽象地图和枯燥的描述性文字,以一种三维的、动感的虚拟模型切实感知城市,消除了规划师与用户之间的专业差别。

虚拟现实技术系统包括软件开发平台、显示系统、交互系统和控制系统四部分（图2-29）。其中控制系统链接控制着其他三个系统,共同组成了一个有机秩序的整体。虚拟现实软件开发平台日益增多,主要的有3DVR、Cult3D、EON、MAYA、Superscape、Viewpoint、Virtue3D、Virtools等。利用这些平台进行三维视景影像内容的制作,在后台与虚拟现实集成控制系统进行连接,在虚拟显示系统上显示沉浸式的影像,然后通过虚拟现实硬件交互系统和显示系统内的仿真景象,操作者进入虚拟互动体验,如虚拟操作演示、建筑模拟生成、虚拟城市平台等（图2-30）。

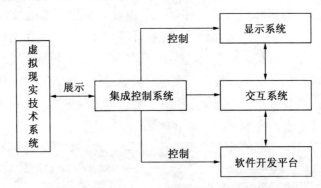

图2-29　虚拟现实技术系统构成

图2-30　虚拟现实城市平台

来源:中国最大的数字城市制作项目［EB/OL］. http://www.

cgtiger. com/ch/example1. asp? id＝114

① G. Burdea,Philippe Coiffet. Virtual Reality System and Application［C］//Electro 93'. 1993.

虚拟现实一般应用在有演示需求的地方，如城市三维仿真平台、建筑模拟漫游、古建筑三维复原、工业仿真制作、院校虚拟现实实验室等。虚拟现实互动演示辐射的领域主要有区域规划、建筑设计、数字地产、历史建筑修复、虚拟数字旅游、灾害预案、地下管线展示等方面（表2-14）。①

虚拟现实应用领域   表2-14

特 征	应 用 领 域
注重交互体验的	房地产销售、城市规划演示、虚拟旅游
注重功能演示的	施工流程演示、产品功能演示、产品装配
常规手段难以展示的	地下管线、灾害预警、建筑内部构造
抽象的、不直观的	数字医疗、流程模拟、模拟实验
当前不存在的	古迹复原、建筑更新改造、区域规划

2.4 本章小结

本章重点研究"数字城市的理论基础与技术支撑"，通过数字城市的含义解析，数字城市的理论基础和数字城市的技术支撑等内容的研究，实现对数字城市的全面认识，并对数字城市的理论基础与技术支撑加以整合（图2-31）。

首先，通过对数字城市的概念与特征，数字城市的发展阶段和多重视角下的数字城市等内容的研究，解决对数字城市的基本认知问题，为数字城市的理论研究奠定基础；其次，通过对城市系统工程理论、流动空间理论、生态城市与循环经济理论、城市可持续发展理论、信息经济学测度理论等内容的研究，构建了数字城市的理论基础框架；最后，通过对地理信息技术、宽带网络技术、数据存储技术、数据分析技术、信息展示技术、信息安全技术等内容的研究，构建了数字城市的技术支撑框架。随后，重点研究了数字城市技术支撑中的地理信息系统、遥感技术、全球定位系统、虚拟现实技术等关键技术，即"3SVR"（GIS、GPS、RS、VR）技术。

---

① 虚拟现实［EB/OL］．http：//www.cgtiger.com/ch/vr.asp.

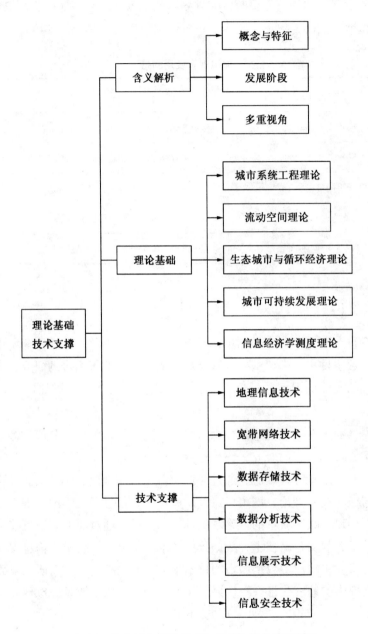

图 2-31　数字城市理论基础与技术支撑的框架结构

第3章 数字城市的基本框架与内容

目前阶段的数字城市是一件新鲜事物，正处于萌芽状态或初级阶段，至今在理论上未有一个权威的、统一的定义，在实践上也尚未有一个标准的样板可循。即使是数字城市的国际权威卡斯泰尔在他的名著《信息化城市》中也只讨论了信息化城市对社会经济活动的影响，尚未涉及电子政务、电子商务等具体系统应用。[①] 但是，在国内外已经基本达成了共识——数字城市是一个庞大而复杂的系统工程，是未来城市发展的战略目标，是社会发展的大趋势。

数字城市的基本框架与内容是：综合运用先进的信息技术，在集约环保型信息基础设施的基础之上，以"12个重点应用服务系统，5大资源管理服务中心，8个重点基础通信与信息基础设施"为中心，完成从"高起点基础设施建设"、"全面的信息资源共享"到"智能化应用服务"三个层面的核心内容，实现信息技术标准化、信息采集自动化、信息传输网络化、信息管理集成化、业务处理智能化及政府办公电子化（图3-1）。[②]

同时，数字城市也是一个开放的系统平台，应用系统层并不局限于初期这12个系统，这些是曹妃甸国际生态城数字城市实施初期所必需的系统。因此，在某种意义上代表了这一类新城建设中，数字城市实施初期与现实城市同步建设的应用系统的特征。其他现有的城市实施数字城市可以在此基础上，根据城市发展的需求进行系统拓展建设，如数字地产系统、数字教育系统等。

3.1 基础设施层

基础设施层包括"基础通信设施"和"信息基础设施"两大部分。"基础通信设施"主要完成城市的基站、管道、光纤、智能传感器等基础通信

---

① Manuel Castells. The Informational City［M］. Oxford：Blackwell Press，1989.

② 薛凯，洪再生. 曹妃甸数字城市建设初探［J］. 工业建筑，2011（8）：11-13.

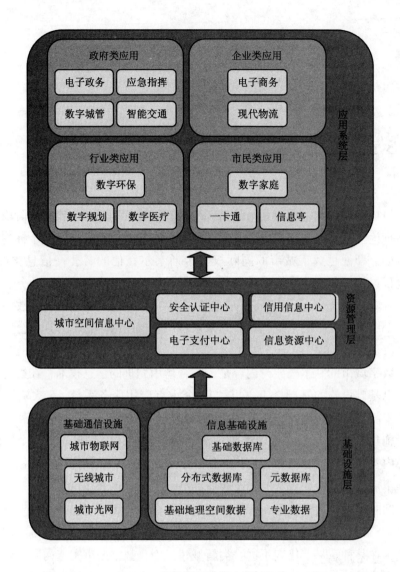

图 3-1　数字城市的基本框架结构

硬件建设,是数字城市实施的基础和起步阶段。"信息基础设施"主要完成各类信息从采集到数据处理和存储全过程的软件有机组合,通过建立完善的"现实城市"信息获取体系,广泛地采集数字城市所需要的空间信息资源;通过覆盖全城的完整计算机网络,快捷、实时地将采集的数据进行存储和处理。

3.1.1　基础通信设施

3.1.1.1　城市光网

城市光网是以全网光通信技术为基础,以高性能路由集群、新一代无源

光网络（PON）①、IPv6 等关键技术为依托，以 IP 网络全业务支撑系统
（IPFSSS）为支撑，对办公楼采取光纤到楼层，对住宅小区采取光纤进门洞
等措施，构建"百兆进户，千兆进楼，百万兆级出口"的网络能力，形成
以 IP 化、扁平化、宽带化、融合化为核心特征的"三网融合"的绿色高性
能城市光网络（图 3-2、图 3-3）。

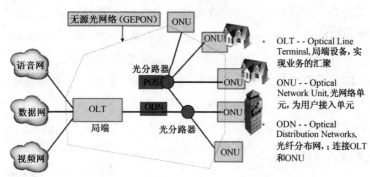

图 3-2 城市光网的技术构成

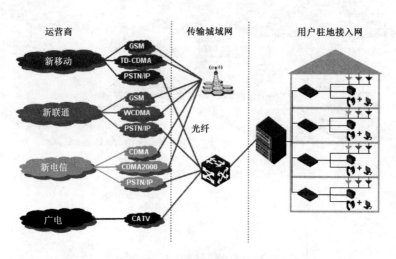

图 3-3 "三网融合"的城市光网

来源：河北城通集团. 曹妃甸信息生态城概要方案演示文件［Z］. 2009

---

① 无源光网络（PON）是指光配线网（ODN）中不含有任何电子器件及电子电源，ODN 全部
由光分路器（Splitter）等无源器件组成，不需要贵重的有源电子设备。一个无源光网络包括一个安
装于中心控制站的光线路终端（OLT），以及一批配套的安装于用户场所的光网络单元（ONU）。在
OLT 与 ONU 之间的光配线网（ODN）包含了光纤以及无源分光器或者耦合器。
　　PON 网络由 OLT、ODN、ONU 构成，网络层次清晰、简单。PON 技术通过优秀的带宽提供能
力，轻松满足 MULTI PLAY 所需的带宽要求，解决了接入网的带宽瓶颈问题，同时还节省了大量的
光纤资源。

城市光网的建设将极大地推动城市基础通信设施整体升级，提升信息通信服务水平和创新发展能力，加快推进信息化与工业化的融合发展，促进产业结构的优化升级和经济发展方式的转变。

3.1.1.2　无线城市

无线城市就是在整个城市的范围内，由无线宽带数据系统提供涵盖室内和室外环境的全方位覆盖，用户在覆盖区域内可以随时、随地通过无线系统享受高速通信网络（图3-4）。无线宽带数据系统的应用可以涵盖城市社会生活的各个方面。针对不同的应用环境，无线宽带网可以灵活采用不同的组网方式，如对于室内以及一些热点区域覆盖可参考电信的"天翼通"方式；而室外以及热区等，可以在频率资源可获得的情况下，通过 WiFi-Mesh 网状组网结合多种有线、无线回传方式，从而在更大规模内提供无线宽带接入（图3-5）。

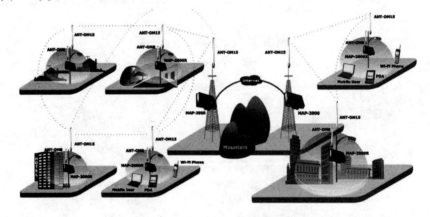

图 3-4　无线城市

来源：河北城通集团. 曹妃甸信息生态城概要方案演示文件［Z］. 2009

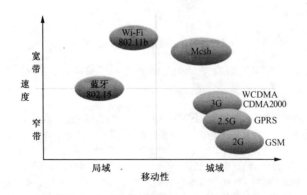

图 3-5　无线宽带数据系统的接入方式

目前，无线城市所采用的主要技术是 Wi-Fi（802.11 系列）和 Wi-MAX（802.16 系列）两种体制。由于在我国 Wi-MAX 系统国家规范和频率划分尚未确定，故目前大部分无线城市均使用 Wi-Fi 系统来构建网络。在实际建设中，Wi-Fi 系统对于基础设施的要求不高，室外设备体积小、重量轻，可在路灯杆、电话亭顶等部位安装，且便于伪装（图 3-6）。即使未来 Wi-MAX 系统开始建设，其主设备体积、天线尺寸也远小于移动通信系统，完全可以利用移动通信网络宏基站基础设施共站建设。

图 3-6　无线通信设施

来源：河北城通集团．科教城起步区信息化建设建议概念方案演示文件［Z］．2010

3.1.1.3　城市物联网

城市物联网（The Internet of things）以射频识别技术（RFID）、智能传感器技术①、移动通信技术和 GIS 技术为基础，为城市信息智能化获取、定位、跟踪、监控和管理提供强有力的技术支持。物联网以智能传感器为信息获取单元，以通信技术（有线和无线）为信息通道构建城市智能传感器网络，实现人与物、物与物的交互融合。通过统筹部署传感器、RFID 和嵌入式系统，与无线城市融合，建立覆盖整个城市的公共安全、生产安全、生态环境、交通物流、资源管理等领域物联网应用体系，提高城市服务部门对服务管理对象的现场感知、动态监控、智能研判、快捷反应的能力和水平（图 3-7）。

国家"十二五规划"也明确提出，要推进城市物联网的建设应用。城市物联网的功能主要包括以下几个方面：

---

①　智能传感器是具有信息处理能力的传感器，带有微处理机，具有采集、处理、交换信息的能力，是传感器集成化与微处理机相结合的产物。

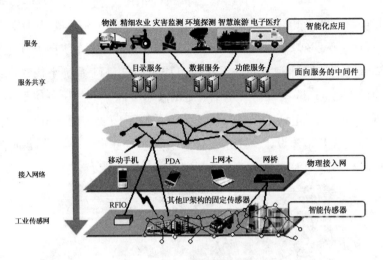

图 3-7 城市物联网的一般架构
来源：李德仁. 数字地球加上物联网将走向智慧地球［EB/OL］.
http：//news. 3snews. net/technology/20100512/8714. shtml

1. 物体的标识与识别

对物体的属性进行标识与识别主要包括动态属性标识和静态属性标识。动态属性需要由传感器实时探测，静态属性可以直接存储在标签中。通过识别设备对物体属性的读取，将信息转换为适合网络传输的数据格式。

2. 属性信息的处理

将物体信息通过网络传输到信息处理中心，处理中心将采用云计算技术，分布式或集中式地完成物体通信的相关计算，并向各种应用系统提供服务。

3. 物体的控制

借助各类应用系统，通过城市物联网系统实现对物体的实时控制，完成人与物、物与物之间的沟通和对话。这种控制既可以是对机器、设备、人员进行集中管理、控制，也可以是对家庭设备、汽车进行遥控，以及查找位置防止物品被盗等各种应用。

结合数字城市的实施现状和生态要求，在城市建设过程中将各类传感器嵌入和装备到城市的各种物体中，然后通过城市光网和无线城市将城市物联网与互联网整合起来，构建实时感知的数字城市物联网。通过信息平台强大的信息存储与计算能力，整合城市物联网内的人员、机器、设备和基础设施，实现实时管理和控制。通过更加精细和动态的方式管理市民生产和生活，提高资源利用效率和社会生产力水平。

3.1.2 信息基础设施

3.1.2.1 基础地理空间数据

基础地理空间数据是城市其他部门专业数据和信息进行空间分析和定位的基础，城市信息的绝大多数（80%以上）都具有空间定位或空间分布的特征（图3-8）。没有高质量、高精度、现实性强的基础地理空间数据和定位在其上的专业数据、信息，要进行实用的空间分析是不可能的。因此，对城市空间数据基础设施的建设必须给予足够的重视。①

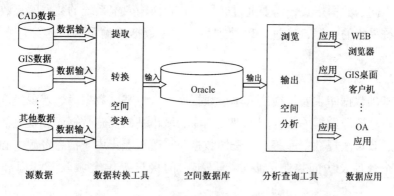

图3-8 基础地理空间数据库总体构成

来源：江绵康．"数字城市"的理论与实践［D］．上海：华东师范大学，2006

基础地理空间数据采集系统是数字城市实施的基础，按照数据来源和数据特性分别采用扫描地图数据采集系统、野外数字测图系统、数据摄影测量系统和全球卫星定位系统等进行采集（图3-9）。

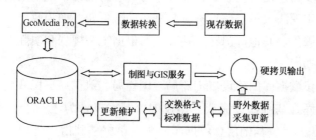

图3-9 基础地理空间数据库工作流程

来源：江绵康．"数字城市"的理论与实践［D］．

上海：华东师范大学，2006

---

① 吕志平，李健，杜鹏等．数字城市建设规划与方案［M］．北京：测绘出版社，2006。

3.1.2.2 专业数据

由于专业数据的门类很多，因此数据采集手段也各不相同，主要有综合信息数据采集系统（如交通等）、统计信息数据采集系统（如人口、经济、金融、社区、犯罪、文化等）和观测台站数据监测系统（如水文、气象、环境、灾害等）组成。

数据采集必须满足快捷性、广泛性、精确性和现时性等四个方面的要求。系统外部数据是数字城市需要采用的其他系统的数据，这样的数据一般具有不同的数据格式，需要通过数据格式转换输入本系统的数据库。数据采集系统采集的数据，经过入库处理后，通过数据传输系统传送到信息资源中心。

3.1.2.3 基础数据库

基础数据库主要包括法人单位数据库、人口基础数据库、宏观经济数据库、自然资源数据库、空间地理数据库、城市基础设施数据库、企业信息数据库、政策法规数据库等八大资源数据库，逻辑上集中于信息资源中心，按照安全管理及访问控制的要求，以统一的接口提供全城政务部门和社会使用。

1. 法人单位数据库

法人单位数据库以组织机构代码为统一标识，以工商、税务、财政、政法、社保、卫生等部门业务管理系统中的法人单位数据为基础，重点建设和整合质监局、工商局、民政局、国税局和地税局的企业法人信息，政府机关法人信息，事业单位法人信息，社会团体法人信息等不同部门的法人单位基础信息，逐步构建逻辑统一、物理分布可共享的法人单位基础信息库和查询服务系统，实现法人单位信息资源共享和动态更新，加强政府对企业的综合监管和公共服务。其他部门在此基础上，根据统一规划和实际需要，建设相应的业务数据库。

法人单位数据库的建设以工商局、国税局、地税局、民政局和统计局等部门的数据库为基础建设完成。建设内容基本概括为"一库一系统二网一平台"，即法人单位基础信息数据库，法人单位基础信息管理系统，法人单位基础信息内容传递和外部交换网络，法人单位基础信息面向国家电子政务和社会应用的统一应用平台。

2. 人口基础信息数据库

人口基础信息数据库以信息资源中心和政务外网为依托，实现对公安、劳动和社会保障、民政、教育、计生、税务、统计等部门人口基础信息的整合，以公安局人口数据库为基础，逐步融合公安、计划生育、统计、民政、社会保障、税务、教育等部门的相关信息资源，通过对比整合数据项，建立全城市"物理分布、逻辑集中"的可共享的人口基础数据库，实现对人口基础信息的一致性、准确性、完整性的管理，实现人口基础信息面向政府及社会的共享和综合应用。

数据项主要包括公安户籍信息、人口普查信息、劳动就业信息、社会保障信息、教育信息、人事关系信息、卫生健康信息、计划生育信息、民政信息、住房公积金信息、个人纳税信息、住房状况信息等。依托电子政务系统平台，通过信息资源目录体系进行资源发现、定位及访问等操作。

3. 宏观经济数据库

作为电子政务的基础性建设，宏观经济数据库是整合政府各部门信息资源，消除重复采集，减轻企业负担，实现信息资源共享，规范政府信息发布，建立服务型政府，创造良好投资环境的重要系统，为城市的宏观决策和管理提供支持，为社会公众提供更多、更好的信息服务。

宏观经济数据库包括宏观经济数据库核心系统和支撑子系统两个重要组成部分。其中，核心系统主要包括三个组成部分，即宏观经济数据库核心系统、宏观经济数据库的基础架构系统和决策支持子系统；支撑子系统包括宏观经济数据中心和信息发布子系统。

4. 自然资源数据库

自然资源数据库是通过整合国土、林业、水利等各个部门和地区的自然资源，重点建设和整合绿化信息、水资源信息、土地信息、环境信息、矿产信息、旅游信息等信息资源，构建逻辑上统一，物理上分布合理，可共享的自然资源基础信息库，开发支持电子政务主要应用的综合数据库，建立统一的自然资源共享分类目录体系和交换系统，支持自然资源多层次网络共享，从而带动相关产业的发展。

5. 空间地理数据库

空间地理数据库是促进政府科学决策，增强政府对区域发展和资源环境的宏观监管能力，提高国土安全的科学决策水平的需要。通过空间地理数据库的建设和整合，将形成跨部门、跨地区的地理空间信息共享组织协调机制，以适应国民经济快速发展，满足电子政务对地理空间信息的需求。完成统一标准的基础地理信息平台，构建城市空间信息基础框架。进行城市规划与建设管理、地下综合管线管理、数字城市三维景观、交通管理、国土资源信息管理、房地产及城市建筑管理、电力管理等专业信息系统的建设与整合，及时准确地为社会提供多层次、高质量的基础信息服务。

6. 城市基础设施数据库

城市基础设施数据库是整合市政、公用、环卫、园林等各个部门的能源、给水排水、交通、邮电、环境和防灾等城市基础设施数据。建立城市基础设施数据库是提高政府决策能力，加强城市宏观控制监管能力的需要。通过城市基础设施数据库的建设，将形成全城区实时、准确的基础设施数据，为城市的硬件基础建设和发展提供强有力的支撑，有利于城市整个层次上的提高。城市基础设施数据库的设计主要从两个方面进行考虑：既要便于数据的组织、管理和应用，又要便于城市基础设施空间分析模型的建立与实现，因为空间分析模型的建立与实现依赖于空间数据结构。

7. 企业信息数据库

企业是城市的主体，吸引企业、发展企业、服务企业是政府的重要职能。打造良好的投资环境，大力促进工业和信息产业发展是贯彻和落实、科学发展观的基本要求。因此，在建设法人单位数据库和人口数据库的基础上，收录更加详细的企业信息，建立企业信息基础数据库对于数字城市的实施具有特殊的意义，也是数字城市的特色之一。

企业信息数据库是法人单位数据库的重要补充，数据库中需要收录企业基本信息资料（企业名称、负责人、企业地址、经营范围、联系方式等），以及来源于工商局、国税局、地税局、质量技术监督局的企业注册、税务、变更等基础信息，将上述信息经过数据比对、清洗后，以组织机构代码为纽带进行重新组织，并通过统计、查询系统为政府领导及时掌握企业的状况提供服务。

企业信息数据库的建设目标是：在数据交换平台基础上，实现政府的工商行政管理部门、税务部门、质量技术监督部门和统计部门之间的资源整合，达到以工商部门的企业登记信息为基础，以质量技术监督部门组织机构代码为标准，建立城市中所有企事业单位基础情况的全面、准确、完整、统一、动态的基础信息数据库，最终实现城市经济发展、财政金融、招商引资、固定资产投资、房地产开发等方面的信息资源整合与共享，为政府决策提供基础资料，为建立决策信息数据库和系统打好基础。

8. 政策法规数据库

宣传、介绍和执行政策法规是政府为企业和公众服务的重要内容，是增加政府透明度，建设服务型政府的必然要求。建立政策法规数据库，可以更好地宣传城市的创业环境和招商政策，使更多的企业从中受益，同时对于加大政府施政透明度，提高办事效率，提升政府形象具有重要的意义。

政策法规数据库通过全面收录各级行政职能部门各个时期出台的文件、

政策、法规、司法解释、案例、合同范本、国际条约、公约和惯例，包括已对外发布和已废止的宏观经济决策、法规等，建立全城市政策法规管理数据库。数据库依照不同职能部门和不同时期分类存储，并提供强大的查询功能，为决策部门和社会公众提供政策法规服务。

政策法规数据库的数据主要来源于科技、农业、工商、税务等相关部门的政策法规数据库，国家、省、市级颁布的相关政策法规，以及业务部门关于政策法规的解释，内容以涉及企业、市民根本利益的行业性政策法规为主。其建设内容包括两部分，一是建设收录国家、省、市级有关政策法规和行业规范等信息的数据库；二是建设基于数据库的政策法规查询子系统。

3.1.2.4 分布式数据库

数字城市各类应用服务系统要用到的数据量极其巨大，数据内容也是包罗万象。各个部门掌握着各自最新、最权威的数据，但是这些数据不可能，也没有必要全部提供给信息资源中心。因此，信息资源中心建设的重点是建设符合现有政府职能划分的、科学合理的数据共享途径和数据更新机制，即采用分布式数据库的方式建立信息资源中心。

分布式数据库是物理上分散、逻辑上集中的数据库系统，系统中的数据分布存放在计算机网络的不同场地或节点，每一个节点都有自治处理（即独立处理）能力并能完成局部应用，同时也至少参与一种全局应用，程序通过网络通信子系统执行全局应用。在这种体系中，每一个节点都具有高度的自治能力，同时又能够按照全局应用的要求向全局或其他节点提供符合权限要求的数据资源。

分布式数据库是一个数据集合，这些数据在逻辑上属于同一个系统，但实际上又分散在同一个计算机网络的若干节点上。采用分布式体系结构的缺点是会影响系统的运行性能，当前采用重复式和划分式相结合的分布式体系结构比较合适。从技术的发展趋势来看，网页服务技术（Web Service）和网格技术（Grid）的发展将为建立更加高效，更加安全，更加符合现有政府部分数据库现状的信息资源中心提供技术支撑。

3.1.2.5 元数据库

元数据是使数据充分发挥作用的重要条件之一。它可以用于许多方面，包括数据文档建立、数据发布、数据浏览、数据转换等。元数据对于促进数据的管理、使用和共享均有重要的作用。

元数据是"关于数据的数据"或"关于信息的信息"，它是关于网络数据目录和分片后元数据信息的数据库。其中，网络数据目录描述的是各个数据分片、分层的范围、数据模型、数据结构以及所在的位置和该节点的网络数据描述，通过它用户可以获取具体的数据放在什么地方（即哪一个参与的局部数据库），如何与其建立连接（如通过该参与数据库节点的 IP 地址或计算机名），怎样对其进行访问（这里需要涉及的问题有该局部数据库的数据模型、数据结构等内容）。

3.1.3　云计算平台

　　信息基础设施各大数据库（即基础地理空间数据库、专业数据库、基础数据库、分布式数据库、元数据库）的计算平台是基于云计算技术的，包括具有很强信息存储能力和运算能力的计算平台。云计算通过将所有的计算、存储资源联结在一起，整合互联网和不同设备上的信息和应用，实现最大范围的协作与资源分享，达到高效率低成本计算的目标理念。

　　云计算平台是数字城市的计算支撑平台。云计算平台由三层结构组成：云计算服务中心、云计算节点和用户等部分。城市政府负责建设一至多个云计算服务中心，搭建基础设施即服务平台（IaaS），提供集中丰富的 CPU 资源、数据存储器资源，建立统一的用户接口规范，同时将不同数据中心、不同地点的计算及存储资源整合到同一个计算云之下，并负责对云计算资源进行管理，对众多应用任务进行均衡调度，使云计算节点资源能够高效、安全地为实际应用服务。各企业单位负责建设云计算节点，根据内部系统特点，建立合适的云计算服务平台和企业数据中心，包括操作系统、数据库、网络服务器、存储器和网络设施等。终端用户和企业单位可以利用云的超强计算能力，方便快捷地实现各类应用需求，将数据安全可靠地存放在存储中心，也不用担心数据丢失、病毒入侵等麻烦。

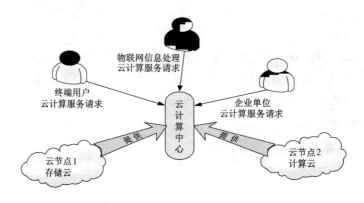

图 3-10　基础设施层云计算平台

　　如图 3-10 所示，当终端用户提交云计算服务请求到云计算中心时，云计算中心服务器首先判断此请求是否合法，然后查询服务资源库是否有此请求所需的资源，根据网络实际负载情况，如果此请求所需的资源还有剩余，则将此资源分配给此请求提交者。因此，在云中进行计算和存储操作与在本地进行计算和存储操作一样，用户并不需要去关心在云环境下实现的算法以及云的规模和结构问题，计算机网络中复杂的基础设施和运行过程是隐藏的，用户需要知道的仅仅是简单的访问接口。云计算网络建成以后，不用再投资购买昂贵的软硬件设备，不用负担频繁的保养与升级，也不用聘请专业人士来管理各种基础设施，用户只需以按需分配的方式获得相应的云服务就可以了，从而可以将精力完全专注于自身应用与业务的发展。①

3.2　资源管理层

资源管理层包括五大服务支撑中心，即信息资源中心、城市空间信息中心、电子支付中心、信用信息中心和安全认证中心，处于数字城市总体框架的中间层，是联系基础设施层和应用服务层的"桥梁"和"纽带"。对下屏蔽数据资源的分布和异构特性，对上向应用系统提供透明的、一致的编程接口和环境。②

3.2.1　服务支撑中心

3.2.1.1　信息资源中心

信息资源中心是城市重要信息资源库群的存储中心，它是数字城市各类应用服务系统的数据支撑，是数字城市的核心机构。建设信息资源服务中心，是推动城市各部门、各行业、各领域的信息资源共享和实现数据库深度开发的有效手段，是建设中不可逾越的环节，具有全局性和根本性。从某种意义上说，信息资源中心建设的成败直接决定着数字城市整体建设的成败。

信息资源中心建设的根本目标是实现全城范围内的信息资源共享，其主要手段和措施是"标准统一、综合利用、机制保障"。对信息资源中心的职能界定和建设内容应当明确以下三点：

1. 信息资源中心首先是数据中心

信息资源中心首要任务是实现政府部门数据库之间互联互通，达到数据共享的目的。因此，在建设过程中了解部门数据库的基本情况，制定数据库互联互通的基本模式，建设一个能够实现数据集中存取的数据中心是信息资

———————

①　唐山市曹妃甸国际生态城管理委员会，唐山市曹妃甸国际生态城城通信息科技有限公司，中国人民解放军信息工程大学．曹妃甸国际信息生态城建设立项规划［Z］．2009-12。

②　吕志平，李健，杜鹏等．数字城市建设规划与方案［M］．北京：测绘出版社，2006。

源中心建设的第一步。

2. 信息资源中心建设的根本目的是消除"信息孤岛"，实现数据共享

应当充分认识到，在现行的政策法规和职能划分约束下，完全意义上的共享是不存在的。信息资源中心在实现数据共享时需要对数据进行分类与分级，区分和鉴别出数据所属的基本类型，确定它属于完全共享、局部共享或者不共享数据。对于可以完全共享的数据，信息资源中心可以承担其管理、维护、发布等职能，对于有限共享的数据，信息资源中心需要在确保信息安全的情况下实现数据在网内不同部门之间的传递。

3. 信息资源中心不是数据资源的简单堆积

在实现部门数据库互联互通和数据集中后，必须经过数据整理和整合的过程，并从中进行深入分析和挖掘，寻找出数据本身所携带的显式信息和深藏在大量数据中的隐含信息，充分发挥大数据量、多数据类型的优势，使数据中心能够真正转化为信息资源服务中心。

信息资源中心是在基础设施层基础上，为各类应用系统提供数据支撑和应用系统支撑，规避各类应用服务系统在开发、运行和维护过程中的无序状态，从而使信息资源中心能够在各类规范和标准框架内，为政府类应用系统、企业类应用系统、行业类应用系统和市民类应用系统提供全方位的服务。第三方应用系统在认证许可的情况下，可以通过平台提供的接口进行信息资源的访问。个人用户通过数字城市门户网站访问相关的信息资源。

3.2.1.2 城市空间信息中心

城市空间信息中心是在基础设施层基础上，利用地理信息技术、信息展示技术、数据存储技术、数据分析技术和宽带网络技术等，构造分布式空间信息存储、访问、集成与发布平台，为各部门打造一体化的、共享的基础空间信息平台。城市空间信息中心对城市的政治、经济、社会、文化、资源、国土、环境、人口等各方面地理空间信息资源进行采集和整合，在城市空间地理信息系统基础上，以信息资源中心为依托，利用高速宽带网络，通过开发完善电子政务平台、应急指挥系统、数字城管系统、智能交通系统以及其他各类行业应用系统，实现城市的数字化管理。

3.2.1.3 电子支付中心

随着电子信息技术的高速发展，电子支付这一新概念得以提出。同时，伴随着电子政务、电子商务和电子货币的日益成熟。电子支付将城市行政部门、公用事业等各个行业统一起来，采用一致的认证方式和付费方式，方便市民参与政务、商务活动，进行行政事业费和流动消费支付，提高政府和企业的工作效率。以电子支付中心为基础，建立的"城市一卡通系统"覆盖

全市的服务网点，提供发卡、租卡、充值、挂失、销户、换卡、回收、查询和数据采集等服务。

3.2.1.4　信用信息中心

信用信息中心通过向社会提供必要的信用信息，提升城市生活服务软环境。信用信息涵盖范围包括企业、团体和个人，信用信息服务的对象包括电子政务、电子商务、现代物流等现代服务产业。对于企业和行业方面，信用信息包括企业的基础信息、产品质量、金融借贷、服务与投诉、资质状况、纳税信息、守法经营等内容；对于个人方面，主要包括个人基本信息、就业履历、培训情况、银行借贷、守法情况等信息；对于一些特殊群体，如律师、注册建筑师等，还要包括服务资质、服务历史、用户投诉等内容。

3.2.1.5　安全认证中心

安全认证中心是对单位、系统、个人签发与认证数字身份的权威单位。数字证书相当于网上的身份证，帮助电子政务、电子商务中的各个主体识别对方身份和表明自身的身份，具有真实性和不可抵赖性，是电子政务和电子商务的基础。安全认证中心通过建设公用密钥基础设施（PKI）完成实体注册管理，标准证书（X.509）的签发、合法性验证和证书状态管理。公用密钥基础设施通过服务接口的形式向相关信息系统提供支撑。公用密钥基础设施可以依托区域认证服务机构（CA）进行建设，也可以建设电子政务、电子商务并重的认证服务机构。

3.2.2　云服务平台

资源管理层在数字城市的实施中是一个十分突出的地位，由于其主要任务是应用服务和资源管理，因此将采用中间件技术和云计算技术来实现：①

中间件技术是信息服务的一种新思路，它将改变传统的重复建设的现象，有助于改变各部门数字化建设中各自为政的弊端，实现统一建设、资源共享；它可以重复使用，大大加快了软件开发速度，降低了成本。

云计算技术是通过软件即服务（SaaS）平台将所有的计算、存储资源联结在一起，整合互联网及不同设备上的信息和应用，实现最大范围的协作与资源分享，达到高效率、低成本计算的目标理念。它提供了最可靠、最安全的数据存储中心，用户不用再担心数据丢失、病毒入侵等麻烦；它对用户端的设备要求最低，使用起来也最方便；它可以轻松实现不同设备间的数据与应用共享；它为我们使用互联网提供了无限多的可能，为存储和管理数据提供了无限多的空间，为完成各类应用服务提供了无限强人的能力（图3-11）。

---

① 吕志平，李健，杜鹏等．数字城市建设规划与方案［M］．北京：测绘出版社，2006。

图 3-11　资源管理层云服务平台

来源：Nicholas G. Carr. Does IT Matter?——Information Technology
and the Corrosion of Competitive Advantage［M］.
Boston：Harvade Business，2004

3.3　应用系统层

应用系统层是实施数字城市的具体应用和体现，是面向政府、企业、行业和公众的信息服务平台，是实施数字城市的终极目标。应用系统层包括电子政务平台、应急指挥系统、数字城管系统、智能交通系统、电子商务系统、现代物流系统、数字环保系统、数字规划系统、数字医疗系统、数字家庭系统、城市一卡通系统、城市信息亭系统等。各应用系统通过高速宽带网络，实现上下级与跨部门的互联互通。各部门业务应用系统在逻辑上相对独立与完整，但又有一定的纵向和横向联系，形成一个完整的城市信息系统综合体系。

基于数字城市服务平台的应用服务系统很多，并不局限于以上 12 个应用系统，这些是曹妃甸国际生态城数字城市实施初期所必需的系统，因此，在某种意义上代表了这一类新城建设中，数字城市实施初期与现实城市同步建设的应用系统的特征。其他现有的城市实施数字城市可以在此基础上，根据城市发展的需求进行系统拓展建设，如数字教育系统、数字地产系统等。作为数字城市的终极目标和最直接体现，应用服务系统与城市发展有着千丝万缕的联系，数字城市对现实市的发展与提升也主要在这一层面实现了对接。

3.3.1　政府类应用

3.3.1.1　电子政务平台

电子政务（Electronic Government Affair）即政务信息化，是政府机构利用网络通信与信息技术，构建一个数字化的虚拟政府，将政府管理和服务职能经过精简、重组、优化后在网上实现，打破现行政府的组织和时空界限，为公众提供"一站式"服务（图3-12）。① 电子政务是数字城市的战略先导和最佳切入点,是提高城市核心竞争力的重要手段,是提升政府工作效率、施政水平和服务功能的最佳选择,也是提高政府办公透明度、公正廉洁和有效监督的重要工具。就其内涵而言,电子政务系统更加强调政府服务功能的发挥和完善,包括政府对企业和市民的服务以及部门之间的相互服务(图3-13)。

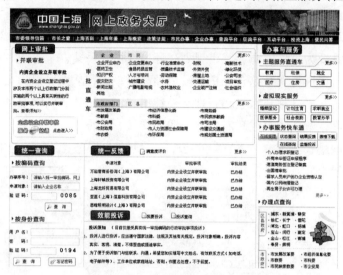

图3-12　数字上海电子政务平台

来源：数字上海，http：//zwdt. sh. gov. cn/shen3hall/index. jsp

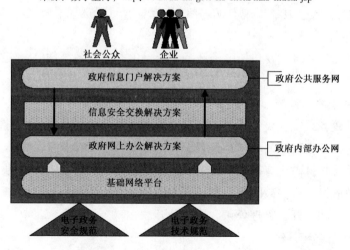

图3-13　电子政务系统平台

来源：电子政务解决方案［EB/OL］. http．//www. 24ol.

cn/egovernment_ solution. asp

① 钱健，谭伟贤．数字城市建设［M］．北京：科学出版社，2007。

城市政府肩负着对整个社会导向、协调、控制、管理和服务的功能。城市经济的发展，社会的进步，文化的繁荣，市民生活品质的提升，都需要政府通过广泛收集城市中自然、社会、经济等各类信息，对信息进行加工整理，制定出各种决策预案，然后向公众发布指令性的或服务性的信息。同时，政府也可以快速有效地收集社会反馈信息，以便对决策预案进行修正和优化。因此，电子政务平台应该作为数字城市的神经中枢来建设。

　　电子政务平台能够使政府职能由"管理型"向"服务型"转变。第一，电子政务系统为土地资源、城市规划、环境保护、公共安全等政府职能部门搭起一个可以进行大量综合分析与模拟预测的平台，从而可以大大提高政府的科学决策水平、施政水平和管理水平；第二，电子政务网络服务系统和网上审批制度，解决了以往政府各部门职能交叉、重叠，审批过多，行政流程不合理等问题，实现"一站式"办公，"一条龙"服务；第三，政府通过电子政务平台，发布政策法规和政务信息，服务企业、大众，接受群众监督。

　　电子政务平台以"一站式"服务为目标，将政府管理与服务职能有机地结合在一起，实现"外网受理、内网办理，外网反馈、全程监控"的"一站式"电子政务服务平台。它可以为公众和企业提供网上咨询、网上申报、网上反馈、网上查询和网上投诉等各种行政服务，实现集政务服务、市民投诉为一体的综合性服务平台和办事窗口；它可以打破现有行政机构的人为界限，突破时间限制（现有的 8 小时工作制）、空间限制（现有的严格的属地原则）、流程限制（现有的一级对一级的传送）、暗箱操作（现有的人情关系）。

　　电子政务平台主要包括电子政务系统、电子监察系统和公众服务系统三部分：

　　1. 电子政务系统

　　电子政务系统主要包括政府部门内部办公自动化，政府各部门之间的办公自动化，各级政府的电视会议系统，网上联合审批和安全保障体系等。电子政务系统将打破现有行政机构的人为组织界限，构建一个统一的、电子化的虚拟政府机关，突破时间限制、空间限制、流程限制和暗箱操作，实现政务公开、采购公开、管理公正和服务公开。

　　2. 电子监察系统

　　电子监察系统包括在线和离线两部分。在线电子监察系统与政府业务系统无缝对接，实现对行政许可事项办理过程的实时、同步、全程监控；离线电子监控依托行政服务大厅的视频监视点，通过网络对行政审批现场进行监控。建立行政效能评估系统，依据行政审批程序和时限规定，对行政审批工作人员进行绩效考核评估。

3. 公众服务系统

公众服务系统除了为市民提供一个问题反馈、思想交流的虚拟平台之外，主要功能是推行政务公开，包括公开政府法规、政策、办事程序、办事条件和依据，以及收费项目、标准和依据等，电子税务、社会保险资料查询，企业注册登记审批、网上人才招聘、就业管理服务，市民参政议政、公众投诉、来信来访、信息咨询等。

3.3.1.2 应急指挥系统

数字城市应急指挥系统是以电子政务网络平台为主，以3G商用无线通信网络为辅，构建集服务、监控、调度和指挥于一体的综合信息系统（图3-14）。通过快速准确传送信息，监测城市运行状况，及时预测、发现和处理突发事件，进行决策指挥，快速排除警情，完善和提高政府的综合职能。城市应急指挥系统为各应急管理专业部门提供完整的基础性公用数据，促进专业部门之间的互联互通和资源共享，通过常态化的定量分析和数据挖掘实现经验决策到辅助决策的转变，为面向政府高层的重大突发事件的综合决策指挥提供自动化支持（图3-15）。

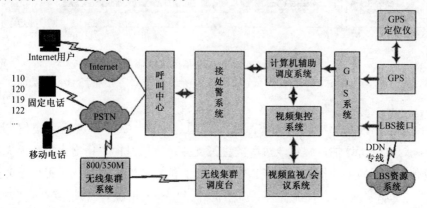

图3-14 应急指挥系统构成

来源：应急指挥系统解决方案［EB/OL］. http：//www. zte. com. cn/cn/channel/solutions/government/201005/t20100521_ 185158. html

应急指挥系统中的"平安城市"建设是一个重要方面，同时也为城市应急管理提供决策指挥和救援信息服务。它利用现代信息通信技术，实现对城市的有效管理和打击违法犯罪，加强城市安全防护能力和城市安全系统建设，构建平安城市、和谐社会；它利用平安城市综合管理信息公共服务平台，建立和利用城市内视频监控、数字化城市管理、道路交通等多个系统，系统前端数据通过视频监控系统采集并传输到中心指挥调度中心；它将110/119/120报警指挥调度、远程智能电话报警、远程可视图像传输及GIS等有机链接在一起，实现火灾发生实时报警、犯罪现场远程可视化及定位监控、同步指挥调度，从而有效实现城市安防从"事后控制"向"事前预防"转变。

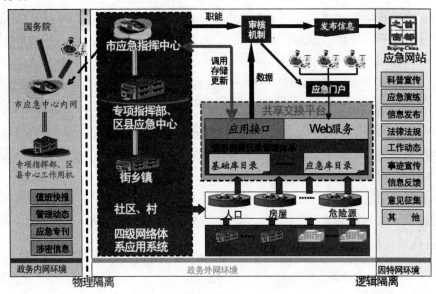

图3-15 北京市应急指挥系统平台

来源：数字北京［EB/OL］．http://wenku.baidu.com/view/ee4ec62658fb770bf78a5507.html

应急指挥系统中的"防灾减灾"是通过灾前、灾中、灾后采集信息并实施综合分析评估，提供全过程的决策支持；它通过模拟历史水灾、火灾在现有条件下的可能损失等途径，在各阶段对抗灾调度方案的选择提供重要的决策依据。① 通过合理配置公共应急资源，整合城市综合管理系统、公安指挥调度系统、消防指挥调度系统、报警与监控系统、防灾减灾应急救援等相关各部门业务系统，建设覆盖全区域的综合应急指挥系统共用的网络、数据和指挥平台。实现应急事件信息的采集、传输、存储、分析、处理功能，以及对突发事件的识别、危机鉴定、应急预案启动、信息发布、调度指挥和决策功能，完成第一时间内的应急响应。实现公共安全系统在应急过程中能够随着动态环境的变化而自适应、自组织地演化，具备实时的动态感知功能，

---

① 承继成，王宏伟．城市如何数字化：纵谈城市信息建设［M］．北京：中国城市出版社，2002。

为领导决策提供实时有效的智能辅助。

3.3.1.3 数字城管系统

我国传统的城市管理模式基本上是单一的政府行政主导，政府在城市管理中的作用非常突出。从城市问题的发现、公共政策的制定到城市管理的执行和评估，都是由政府一手包揽。从社会治理结构角度来看，形成了政府一家独大，其他的社会主体（城市建设维护主体、城市协管自治主体）无法参与的局面。因此，导致形成一种"大政府、小社会，大执法、小管理"的城市管理模式。

而数字化的城市管理模式可以扭转这一局面：依托数字化综合管理系统平台，实现了社会各层面主体参与城市管理，改变了传统模式下城市建设维护主体、城市协管自治主体无法参与城市管理的局面；实现了监督、管理、执法的三权分立，改变了传统模式下缺乏管理监督的局面（图3-16）。①

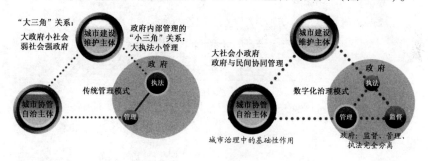

图 3-16　数字化城市管理模式

来源：叶裕民，皮定均. 数字化城市管理导论［M］. 北京：中国人民大学出版社，2009

数字化城市综合管理系统，即城市运行、管理和服务一体化系统，是现代城市管理的一种新模式。它着眼于采用信息化手段提高城市建设与管理效率，实现了城市运行、管理的数字化，实现了城市管理工作流程的透明化（图3-17）。数字化城市综合管理系统通过将管理对象进行合理分类和编码，采用科学、合理的管理方法将管理对象和管理责任人有机联系起来，形成城市综合管理的长效机制（图3-18）。

3.3.1.4 智能交通系统

智能交通系统（Intelligent Transport System，ITS）是在比较完善的交通基础设施条件下，将先进的数据传输、电子传感、电子控制等信息技术和系统综合技术有效地集成并应用于整个交通系统，以解决交通安全性、效率

---

① 叶裕民，皮定均. 数字化城市管理导论［M］. 北京：中国人民大学出版社，2009。

性、能源和环境等问题（图3-19）。

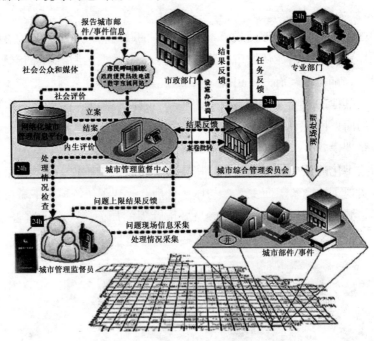

图3-17 数字城管系统（网上图片）

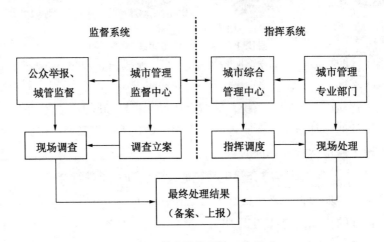

图3-18 数字城管系统工作模式

　　智能交通系统把汽车、驾驶员、道路与交通服务部门联系起来，将采集到的各种道路信息传输给驾驶员，他们可以据此实时选择交通路线和方式（图3-20）。它不是将交通系统描绘成某种数学模型，而是向道路使用者提供各种信息，让驾驶员自己选择最佳路线，即以诱导信息为主，更加注重人的能动性。① 交通管理部门可以通过智能交通系统自动进行交通疏导与调度，从而保证路面交通顺畅、安全、高效。

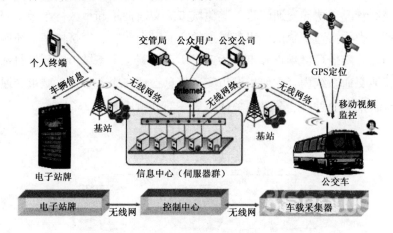

图 3-19　智能交通系统

来源：李德仁．数字地球加上物联网将走向智慧地球［EB/OL］．

http：//news.3snews.net/technology/20100512/8714.shtml

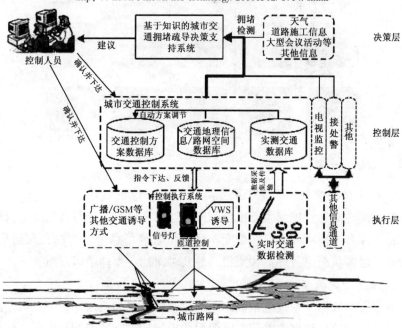

图 3-20　智能交通系统顶层结构

来源：谈晓沽．基于知识的交通拥堵疏导决策方法及

系统研究［D］．南京：东南大学，2005

---

① 郝力，谢跃文等．数字城市［M］．北京：中国建筑工业出版社，2010。

智能交通系统是面向交通管理部门和公众，建立数字化、网络化的实时监控、指挥及信息发布体系，通过智能化监测、分析、预测交通流量，动态管理交通状况，诱导交通流量，避免城市的交通拥堵和市区行车难、停车难等问题。智能交通系统能够提高城市的交通安全和减少拥挤堵塞，还能减少汽油消耗并降低环境噪声和空气污染，实现低碳、生态城市的环保目标。

智能交通系统内容主要由城市交通信息管理与服务平台，城市交通数据库系统，采集、处理、分发服务体系等三部分组成（图3-21）。

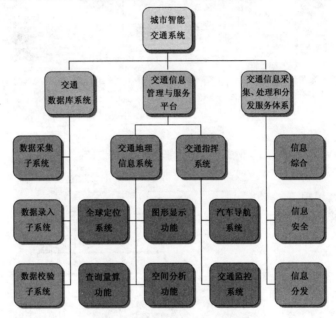

图3-21　智能交通系统体系

1. 城市交通信息管理与服务平台

城市交通信息管理与服务平台利用交通管理信息、出行者信息、营运管理信息、综合运输管理信息、公交车辆定位管理信息等实时综合交通信息，对交通、运输状况进行评估和预报，并及时向社会媒体予以发布。

2. 城市交通数据库系统

城市交通数据库系统包括基础地理数据库系统和交通专业信息数据库系统。基础地理信息数据库以信息资源中心为依托；交通专业数据库主要提供交通车辆的位置信息、公众出行信息、交通设施位置信息、道路设施进出路线诱导信息、交通运行状态信息等基础和专业信息。

3. 城市交通信息采集、处理和分发服务体系

城市交通信息采集、处理和分发服务体系通过 IC 卡和 RFID 卡、GPS 等

信息通信技术在交通管理中的应用实现动态、静态交通信息以及其他所关联的信息进行采集和处理，实现行业数据的发布、查询、统计等功能服务。

3.3.2 企业类应用

3.3.2.1 电子商务系统

世界贸易组织（WTO）对电子商务系统（Electronic Commerce，EB）的解释是：通过电子信息网络进行的生产、营销、销售和流通活动。它不仅指基于互联网上的交易，而且指所有利用电子信息技术来解决问题、降低成本、增加价值和创造商机的商务活动，包括用网络实现从原材料查询、采购、产品展示、订购，到产品储运和电子支付等一系列的贸易活动。

目前，电子商务的类型很多，主要包括企业对消费者的 B2C 模式（亚马逊等，图 3-22），企业对企业的 B2B 模式（阿里巴巴等，图 3-23），消费者对消费者的 C2C 模式（淘宝等，图 3-24），消费者对企业的 C2B 模式（拉手网等，图 3-25），企业对政府的 B2G（政府采购网等，图 3-26），企业、中间监管与消费者之间的 BMC 模式（太平洋直购官方网，图 3-27）六种。

图 3-22　电子商务 B2C 模式

来源：http://www.amazon.cn/ref=gno_logo

图 3-23　电子商务 B2B 模式

来源：http://china.alibaba.com/

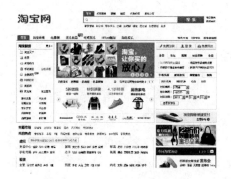

图 3-24　电子商务 C2C 模式

来源：http://www.taobao.
com/index_global.php

图 3-25　电子商务 C2B 模式

来源：http://www.lashou.com/w_93

图 3-26 电子商务 B2G 模式　　　　图 3-27 电子商务 BMC 模式
来源：http：//www.tjgpc.gov.cn/　　　来源：http：//www.tpy100.com/

当今世界电子商务的迅猛发展势不可挡，它对每个企业来说都是极大的挑战，由于所有企业在网络上面的地位是平等的，因此它给传统的商业提供了重新洗牌的机会。同时，这也意味着更多的机遇，它所创造的是一个全球市场和国际化的商业网络，将彻底改变人们的生活方式和消费模式。① 电子商务使企业的经营活动更加经济、简便、高效、可靠，更好地满足消费者的个性化需求，提高生活质量。

数字城市的重要服务对象和需求就是电子商务，它联系着每一个企业和公众的切实需求，全方位的电子商务系统是数字城市实施的战略重点。电子商务信息系统平台包括信息平台、交易平台、支付平台和物流平台等几个核心功能平台。另外有无线电子商务平台和企业征信平台作为核心业务的有力支撑，通过第三方电子商务的模式为企业的经营活动提供全过程服务。

电子商务系统的建成将会为企业带来许多好处，主要表现在：②

（1）可以节约社会劳动和经济资源；

（2）可以节省时间，提高商务效率；

（3）弱化地域限制，合理配置社会资源。

3.3.2.2　现代物流系统

现代物流（Modern Times Logistics）泛指原材料和产品从起点至终点及相关信息有效流动的全过程，它将运输、仓储、装卸、加工、整理、配送和信息方面有机结合，形成完整的供应链，为用户提供多功能、一体化的综合服务（图 3-28）。扬基集团（Yankee Group）在一份研究报告中指出，由于

---

① 陈禹，魏秉全，易法敏．数字化企业［M］．北京：清华大学出版社，2003。
② 赵英，李华锋．走进信息化生活［M］．哈尔滨：哈尔滨工程大学出版社，2009。

传统物流供应链效率低下，导致消费品和零售业每年的损失约 400 亿美元，相当于销售额的 3.5%。而现代物流与传统物流的最大区别在于，物流过程中广泛使用现代信息技术，提高物流效率和管理水平。①

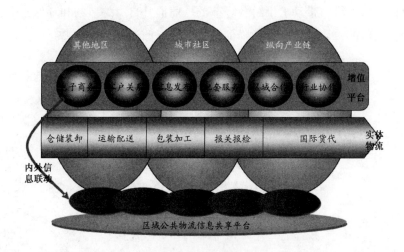

图 3-28　现代物流系统

来源：数字城市的发展和展望［EB/OL］. http：//wenku. baidu.
com/view/e62099946bec0975f465e261. html

　　现代物流服务系统是物流产业发展的重要举措。在市场经济的影响下，市场逐渐从卖方市场转变为买方市场，以生产为核心的社会经济结构逐渐被"消费—流通—生产"三位一体的经济结构所取代。除了再加工和再生产的时间以外，城市经济几乎全部产品的生产过程和制造过程，都是流通过程的时间。现代物流使货物从生产地到目的地高效、准确地流动，能够大大节约企业的时间消耗和流通成本，有利于加快资金周转和扩大再生产。因此，建立现代物流系统是加快城市经济发展和社会进步的有力推动器。②

　　现代物流系统的核心是数据交换处理系统和公共信息服务系统。公共信息服务系统链接着全市各物流企业、物流运营设施及其相关行业的信息服务系统，它既是全市物流信息资源的连接中心，又是国内外了解区域物流信息资源的窗口。

　　现代物流系统以与城市整体物流系统配套协调为原则，以城市信息资源共享为基础，以信息服务为主线，以政府管理为牵引，以应用服务为手段，

①　数字城市的发展和展望［EB/OL］. http：//wenku. baidu. com/view/e62099946bec0975f465e261. html.
②　吕志平，李健，杜鹏等. 数字城市建设规划与方案［M］. 北京：测绘出版社，2006。

集管理、服务、交易为一体，改善优化物流企业供应链，提高城市物流信息化水平，推进电子商务快速发展。

现代物流系统建立企业信息共享平台，以大企业的生产制造为核心，以绿色认证为手段，带动上下游各环节的厂商提升自身的节约和环保水平，打造绿色供应链，协同各方努力降低城市整体资源消耗（图3-29）。

图3-29　现代物流的绿色供应链

来源：数字城市的发展和展望［EB/OL］.

http：//www.docin.com/p-109135493.html

现代物流系统能够有效地减少诸多影响物流通道的中间环节，使城市的物流运行更加顺畅、通达，交易更加安全、可靠，操作更加简便、迅速；使企业与企业，企业与消费者，企业与政府之间的沟通更加方便、快捷，交易行为更加规范、高效。

电子商务与现代物流是"一体两面"的关系，所谓"一体"是指二者关系的密切性和难以分割性；"两面"是指二者工作侧重点的不同性。电子商务作为一种交易方式，更侧重于网络的虚拟活动，而现代物流更多地体现的是现实的物质活动。只有将虚拟活动与实体形式有效结合，二者才能共同发展（图3-30）。①

1. 物流是电子商务的重要组成部分

电子商务与其他商务活动一样，在签订购销合同之后，商品便由卖方归属为买方，虽然交易场所、交易规则发生了变化，但是商品实体都没有到达买方手中，最终是需要通过商品实体的转移来实现的。因此，只有通过物流配送，将商品真正转移到买方手中，电子商务活动才能结束。电子商务中的任何一笔交易，除了有商流、资金流、信息流的过程，还有物流的过程，即包括运输、存储、装卸、包装、配送、物流管理等一系列活动。

---

① 王家耀，宁津生，张祖勋. 中国数字城市建设方案推进战略研究［M］. 北京：科学出版社，2008。

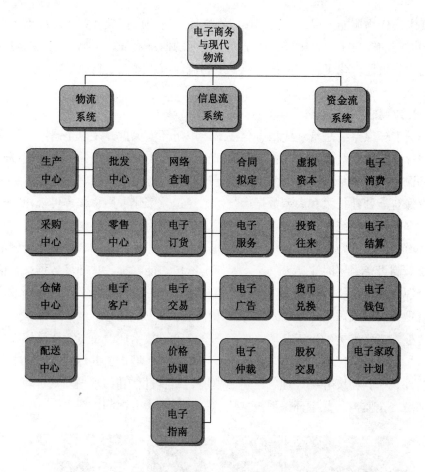

图 3-30 电子商务与现代物流系统结构

来源：王家耀，宁津生，张祖勋．中国数字城市建设方案推进战略研究［M］．

北京：科学出版社，2008，有改动

2. 现代物流是实现电子商务的保障

电子商务活动使商流、资金流、信息流通过互联网这一纽带得以联结，免去了店铺推介等烦琐的中间过程，极大地惠及了买方和方便了卖方。但是对于多数产品来说，仍然需要经过物流这一物理方式传输。随着电子商务的进一步发展，物流能力将成为制约其拓展的瓶颈，物流效率将成为评价其满意度的关键指标。因此，现代物流系统是电子商务实现"以客户为中心"理念的根本保证，是电子商务的利润源泉。

3. 电子商务推动现代物流的发展

电子商务对现代物流发展的推动主要体现在两个方面：第一，电子商务企业对价格、服务、质量等竞争力的追求有效地推动了物流系统的现代化，即要求现代物流能够以最低的费用，在准确的时间内把准确数量的准确产品送到准确的客户手中；第二，电子商务平台的信息流加速了物流信息的传递速度，有效地优化了物流方案，减少了物流环节，降低了物流成本。

3.3.3 行业类应用

3.3.3.1 数字环保系统

数字环保系统是将现代信息化技术运用于环境保护，是以生态系统健康为目标。在城市规划建设的各个层面和环节中，主要依托环保信息基础设施和环保空间数据基础设施，采用卫星遥感技术、海量数据存储处理技术、卫星图像智能处理技术和大型数据库技术，经过数字化、网络化、可视化处理和数据建模、系统仿真、决策支持过程，实现最为有效的环境保护。

城市是一个整体生态循环的大系统。数字环保系统联结着分布在全城的环境检测设备，实时收集大气、水系统、噪声、能耗等各项环境数据，在信息资源中心进行统一计算和决策，并且通过统一的电子政务平台进行高效率的管理，对大气污染、水污染、噪声污染和城市废物进行快速反应处置，让市民处于良好优美的生活环境之中（图3-31）。数字环保重点关注区域在居民区、河流水源区域、绿化隔离地区、生态廊道、城市公共绿地进行生态环境监控，尤其在废弃物处理、转运、填埋、回收过程和污水循环处理环节加强环境安全监控。数字环保系统主要包括以下三个方面的内容：

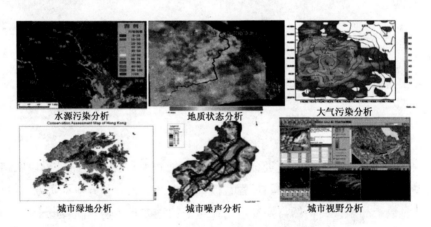

图3-31　数字环保系统应用分析

来源：数字环保系统［R］．香港中文大学，2010

1. 环境信息监测收集

城市生态环境的保持需要依托一个完善的信息收集网络进行全面的、长期的环境监控（图3-32）。依托完善的城市基础设施，建立各类环境信息监控点，包括：城市各固定监测点（监测企业污染源排放等情况）、污境质量监测点（监测空气、水源、城市噪声等环境信息）、流动污染源管理点（监测机动车辆等移动对象污染物排放情况）。

图 3-32　数字环保监测平台

来源：数字城市的发展和展望［EB/OL］. http：//www. docin.

com/p-109135493. html

2. 数据处理分析

环境数据的快速、高效处理是实施数字环保的关键。通过实时在线监测，将收集的各类监测信息汇集到信息资源中心进行快速统一计算，准确预测、预报城市环境质量、各生态功能区的状态变化、流动污染源对周围地区的影响、突发重大环境污染事故的性质及其危害等。便于政府制定环境治理方案、应急对策和减灾措施，进行环境质量预测预报和辅助决策功能，建设生态环保、绿色宜居的城市。

3. 环境保护网站建设

加强城市环境保护网站建设，建立市民与政府良好的信息互动，共同维护生态城市的宜居环境。通过建立城市环保网站，对城市环境信息进行实时动态网上发布，宣传环保知识和环保法规，培养市民先进的环保理念，接受市民环境监督和举报。

3.3.3.2　数字规划系统

城市规划是一种政府行为与社会实践相结合的活动，表现为依法编制、审批和实践的城市规划过程。[1] 城市规划是第一资源，是城市建设的"龙头"，是城市管理的先行者。没有合理的规划就没有健康有序的城市，要把

---

① 李德华. 城市规划原理［M］. 北京：中国建筑工业出版社，2001。

城市建设好，管理好，首先必须规划好，即必须以城市规划为依据指导城市建设和管理工作。

随着城市规模的不断扩大和建设步伐的加速，城市建设过程逐渐暴露出诸多问题。宏观方面，城市规划存在发展定位不当，盲目扩大规模，建设模式粗放，资源浪费严重，空间布局不当，城市缺乏特色，规划人性化差，执行权威不足等问题；微观方面，房地产主导下的市场发展矛盾较多，房产纠纷、房屋质量、公摊面积、物业管理、容积率高、绿化率低、阳光率小等问题。这些问题会给社会带来不稳定的因素，影响社会的和谐与公正。而解决这些问题的有效手段之一就是，实现城市规划工作全过程的数字化，为规划的研究、编制、审批、管理、决策和监督等提供数字化支持，实现城市的"定量分析、理性决策，阳光规划、科学审批"。①

目前在城市建设过程中，政府和社会对城市规划的各项工作要求较高，公众对规划政务公开和规划服务水平的要求也越来越高。因此，唯有通过数字规划系统的建立，才能统筹城市发展与公众利益，协调社会关系与多方互动，把城市建设的可能矛盾和问题提前解决在萌芽中（图3-33）。数字规划系统是在城市规划管理的各个环节（编制、审批、管理、决策、执行和监督）中，引入数字化手段（3SVR、数字近景摄影测量、三维激光扫描、数据挖掘等）辅助城市规划编制、审批和其后的执法管理（图3-34）。数字规划系统的实施将大大提高城市规划管理的科学性、准确性和权威性，实现真正的"阳光规划、科学审批"。

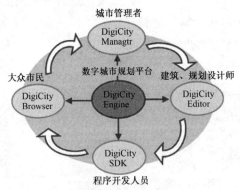

图 3-33　数字规划架构

来源：数字城市规划平台［EB/OL］. http：//www. chinaegov. org/publicfiles/business/htmlfiles/ChinaEgovForum/pzxjsal/200804/2232. htm

① 郝力，谢跃文等. 数字城市［M］. 北京：中国建筑工业出版社，2010。

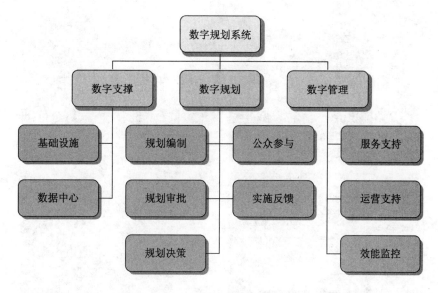

图 3-34　数字规划系统体系

数字规划系统对现实城市规划的作用主要表现在以下几个方面（图 3-35，图 3-36，另见图 5-3）：

图 3-35　数字规划系统应用

来源：数字城市规划［EB/OL］. http：//www. cgtiger. com/ch/city. asp

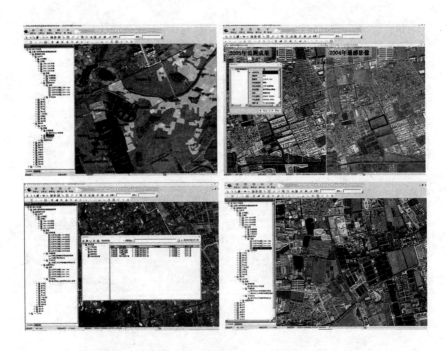

图 3-36 数字规划系统应用

来源：全国土地利用遥感监测查询浏览系统［EB/OL］．http：//www.supermap.com.
cn/magazine/200804/main/YYAL/index02.htm

1. 数字规划是获取、展示和分析城市现状的有效方法与手段

城市现状的信息资源是科学城市规划的基础资料。过去，城市空间数据采集技术存在周期长，成本高，准确性不足等缺点，这就导致规划人员拿到的现状信息资料远远滞后于城市发展的真实现状，以此为基础编制城市规划的科学性和准确性大打折扣；现在，通过激光雷达、遥感、数字近景摄影测量、三维激光扫描、虚拟现实等技术手段，可以大大缩短数据采集入库的周期，快速、准确、形象地获取城市现状信息，从而为设计和管理人员提供准确的现实参考，使城市规划制定得更为科学、合理。

2. 数字规划可以使设计和审批由二维平面转向三维立体

传统的城市规划设计与审批都是在二维平面图上进行的，而数字规划利用虚拟现实技术可以使其转向三维立体空间。在这个虚拟环境中，可以进行城市各项功能设施的设计布局，同时，将三维模型与经济、人口、社会等信息关联起来，可以形成一个多维视角的可视化平台。利用这个平台，可以全方位立体式地展示城市规划设计与审批方案，并可随时浏览、查询建筑信息，修改、调整设计方案，从而更加直观、便捷地操作，逼真、形象地反映，科学、准确地审批。

3. 数字规划可以实现准确、快速的方案评估、分析与决策

利用数字城市三维视角的可视化平台，可以模拟建立多种城市规划管理的应用模型，如用地平衡表计算、日照分析、规划方案评估等，借助模型快速计算得到规划方案的准确分析结果，从而大大提高城市规划管理工作的效率和水平。

4. 数字规划可以提供多种城市调查监测手段

城市规划审批是规划管理的核心环节，起承上（设计编制）启下（批后管理）的作用。通过数字规划的实施，可以使规划监督执法部门及时掌握城市规划审批的情况，合理安排项目批后的监管；它可以方便地查询城市现状资料、规划编制成果与审批信息，并能叠加现状图与规划图进行分析，以便及时发现、纠正和制止城市规划建设中出现的问题；它可以保证城市规划顺利地贯彻与落实。

5. 数字规划可以提供较好的数据更新与管理手段

城市规划涉及的数据种类繁多，数量较大，各类数据存在一定关联且随着时间不断地变化。针对这些特点和应用需求，数字规划可以实现城市现状数据、规划编制数据、审批数据和监管数据的实时叠加与查询统计；它可以提供数据更新工具，保证最新数据及时入库，并保留数据的历史信息；它可以进行历史数据与现实数据的对比以及历史信息的回溯。

城市规划审批之后的监督管理是最后一个环节，是城市规划最终落实的保障。过去这个过程完全依靠规划执法监督人员实地巡查，需要耗费大量的人力和时间，而且项目是否违反规划也不易判断，监管效果不佳。而借助数字规划，通过不同时间的遥感影像的对比，叠加现状图与规划图，就可以迅速发现其变化。从而实现有针对性的巡查和制止违章建设，提高执法的准确率和高效性。目前，利用遥感等技术监管土地或者城市规划的方法，已经在国土资源部和住建部的应用中取得了较好的实践效果。

6. 数字规划提供了政务公开、公众参与的途径

城市规划的最终目的是为人们提供更好的生活、学习、工作、购物、娱乐的空间，实现社会公平与公正。因此，需要创造更多的机会让公众参与到城市规划的过程中来，实现政府决策与市民意见的统一，体现规划的科学性和民主性。数字规划做到了这一点，它综合多媒体、数据库、互联网、WEBGIS等技术手段，让公众通过网络、触摸屏、电子沙盘等形式直接感知城市规划的成果和规划审批信息。同时，系统平台会实时发布城市建设信息，公众可以与其互动交流并提出意见和建议，亲身参与到城市规划中来，

这也起到了公众监督的作用。

3.3.3.3 数字医疗系统

数字医疗是以网络和软件为技术支撑，通过数字化、信息化手段，选择以贴近生活，直接能让居民受益的社区和医疗卫生点为切入点，建立互通共享的数字医疗卫生系统，同时以此系统平台为基础和延伸，为市民提供预防、保健、康复、疾病监测、治疗等服务，实现城市医疗服务的数字化、医疗环境的无缝化（图3-37）。

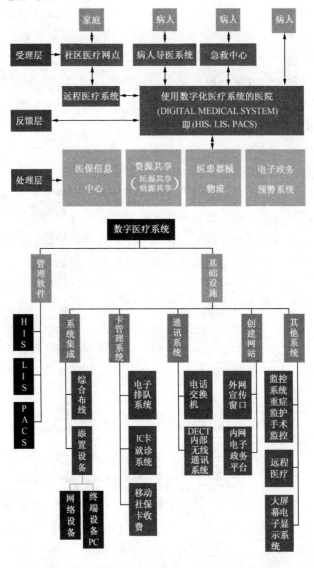

图 3-37　数字医疗平台系统

来源：上海盛唐数字医疗系统［EB/OL］. http：//www. tangsheng. com. cn/medic/

110

数字医疗系统的主要内容包括：医疗单位共享信息系统、公共卫生信息系统、医院信息化系统和社区卫生服务信息系统等。[1]

通过数字医疗系统平台，实现医疗信息互联互通、资源共享，建立覆盖整个城市的公共卫生信息服务系统，完善覆盖全城的数字医疗信息服务平台，增强疾病预防与监控、应急处理与救治能力，实现城市公共医疗资源的优化配置；通过数字医疗系统平台，实现医疗服务数字化即远程医疗；通过数字医疗系统平台，实现医院办公和财务的数字化，推动医院服务和管理工作的改革。

通过信息共享和业务协同，实现市民电子病历的统筹规划；通过使用医疗机构"一卡通"服务，简化居民就医程序，降低患者成本，减少看病费用，为患者提供贴身式、专业式的服务；通过发展基层卫生数字化建设，使居民不仅能在家门口看病开药，也能查询个人账户信息、报销情况，还能享受到远程医疗、网上会诊服务；通过建设和完善疾病预防控制系统、医疗救治信息系统、指挥调度信息系统、卫生监督执法信息系统等，提高疾病预防控制的管理效率和服务水平。

3.3.4　市民类应用

3.3.4.1　数字家庭系统

数字家庭又称智能家居或网络家庭，是指家庭内部各种设施的数字化、整合化、环保化，通过组建一个一体化网络控制家庭内的几乎所有活动，如娱乐视听、家居控制、网上银行、数字教育、家庭保健等。同时还能够与所在社区进行网络连接、共享服务，与社区内其他数字家庭共同组成数字社区。数字家庭全面整合计算机、通信、网络、家电，实现家居的智能化，而你需要的只是一个终端设备（遥控器、手机或计算机），它将实现人类数字化生活的梦想（图3-38）。

数字家庭是一个整合了网络通信、设备自动化、智能家居、信息家电的居民住宅平台。它通过计算机网络与综合布线技术整合家庭生活中的各个家居系统，形成一种高效、便利、安全、舒适的居住环境，即根据人的模拟生活需求，依托网络链接来实现家居的自动化、智能化控制。数字家庭还具有能够提供与外部社区保持信息交流的功能，而且相比传统的家庭模式，它能够使生活于其中的人们得到更加全面化、智能化、人性化的生活服务。[2] 数

①　周永康，黄薇，吴炽煦等. 武汉市医院信息化建设现况调查［J］. 公共卫生与预防医学，2007 (5)：38-41。

②　郝力，谢跃文等. 数字城市［M］. 北京：中国建筑工业出版社，2010。

字家庭的建设目的是缩短政府与市民的距离，拓展服务途径，提高管理和服务质量，加强市民之间的交流互动，提高居民生活质量。

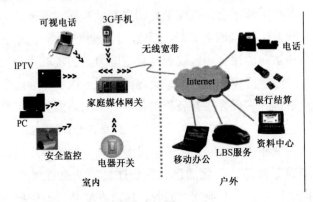

图 3-38　数字家庭系统

来源：李德仁．数字地球加上物联网将走向智慧地球［EB/OL］.
http://news.3snews.net/technology/20100512/8714.shtml

　　数字家庭是数字社区的组成细胞。数字社区是通过建立一个由社区安全防护系统、物业管理系统、社区服务系统和数字家庭系统组成的社区综合服务与管理集成系统，从而实现全面的社区安全防护、高效的物业管理、便利的网络通信和舒适的居住环境（图3-39）。通过数字社区平台，为社区居民提供监控报警、社区管理、家政服务、水电气数据自动采集、查费交费、房屋维修、家庭医疗保健、网络银行、股票交易、社会保障、休闲娱乐、交通旅游、视频点播、电子邮件、联机检索、网络教育等各种信息服务，将信息化带来的实惠送入千家万户。数字社区平台建成后住户可以在家登录数字社区，获得有关居住社区所有的管理信息、社区服务、网上投票选举业主委员会、社区交流、社区教育、社区保健等全方位的生活咨询与服务。

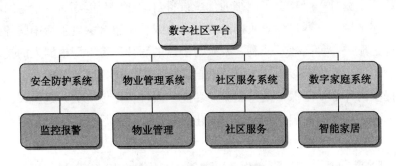

图 3-39　数字社区平台

3.3.4.2　城市一卡通

城市一卡通系统是数字城市普及性极强的 IC 卡应用系统，它将城市公用事业各个行业统一起来，通过实现一卡多用、信息共享，采用一致的付费方式，可以极大地方便市民的生活，提高其生活品质（图 3-40）。

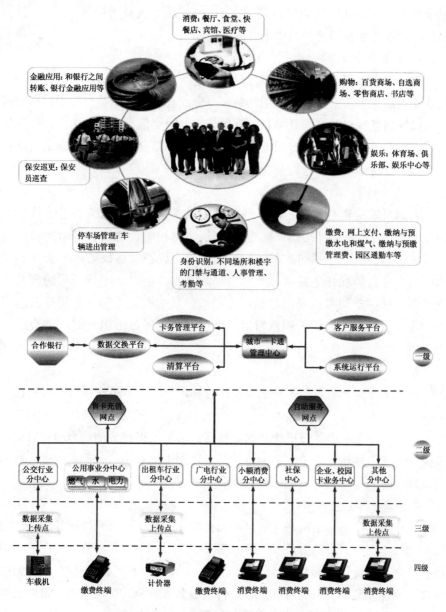

图 3-40　城市一卡通系统的应用与结构

来源：河北城通集团．曹妃甸信息生态城概要方案［Z］．2009

城市一卡通涉及市民生活各个领域中的支付功能和身份认证，主要用于交通收费（公交、出租等）、公用事业收费（水、电、气、数字电视、电信等）、商务收费（支付、取现等）、医疗收费、社保服务（医保、养老金等）。

城市一卡通以射频识别技术（RFID）集数字身份证、电子钱包、数字定位等于一身，可以让居民持同一张 IC 卡就能实现身份验证、消费支付、信息存储等功能，享受到前所未有的便利和安全。

1. 数字身份证

每一位市民都会有一个数字身份证。它与我国居民身份证不同，仅限市民在长期居住生活的城市内使用。数字身份证有一个电子芯片用于储存和读取居民的信息，包括身份证信息、驾照信息、银行信息、工作信息、医保信息等。市民可以凭借数字身份证享受城市所有的信息服务，各职能部门则可以用数字身份证对本人进行身份验证等。

2. 电子钱包

人们可以将银行账户与电子钱包绑定或者进行现金充值。电子钱包的用途非常广泛，包括在图书馆、公共交通、出租车、购物和自动售货机等进行电子付费。电子钱包方便了居民的同时也保证了居民财产的安全。城市的每个办公楼和住宅社区都有煤气、自来水、电力、电信公司的收费系统终端，这些公司可以通过信息网络给用户发送电子账单，而用户只需将一卡通在收费系统终端一刷就可以付费，使得居民足不出户就可以交纳各种费用。

3. 数字定位

整个城市都布满射频识别感应器，这样用户就可以迅速了解所需定位的人或物的具体位置。所以，用户不管丢了什么，都可以迅速查找到它的具体位置，这样一来，也就可以防止很多偷窃、绑架等犯罪活动，为用户的安全提供了保证。另外，有了数字定位，当居民发生危难时，救援人员也可以迅速发现。

3.3.4.3 城市信息亭

城市信息亭是一个网络化的自动服务终端，是一种公众性服务设施。它形状类似于现在城市的邮政报刊亭，其中放置了 ATM 机、触摸式自助终端机、LED 显示屏等高科技设备，可以设立在城市中心地区和人流量较大的路口。通过该设备，市民可以直接进行金融服务、公共费用交纳、自助式购买、信息获取等。城市信息亭的数字化本质、时代性外观、多功能服务，本身就是屹立在城市街头的一道新的风景线（图 3-41）。

城市信息亭以市民服务为中心，涉及到市民的衣食住行和政务信息、公共服务信息、旅游导游信息等各类信息的查询。信息亭还包含了电子商务平台功能，围绕市民的日常需求开展网上或信息亭在线订购、在线支付等服务。市民可以在这里完成电费、水费、电话费等各类费用的查询、交纳和汽车、火车、飞机票的购买等。此外，信息亭还可以开设视频电话业务，市民可在信息亭里与各类公共服务单位、商家进行视频电话沟通。总的来说，就是要让市民真正享受到信息技术带来的便利。

图 3-41　城市信息亭

来源：青岛 e 城通信息亭［EB/OL］. http：//www. qingdaonews.

com/gb/content/2005-12/15/content_ 5733764. htm；

来源：http：//car. cqnews. net/ztqc/xqczt/cqgysjpx/xwzx/200909/t20090916_ 3599608. htm；

http：//www. qianlong. com/2955/2004/02/13/183@1878269_ 3. htm

3.4　本章小结

本章重点研究"数字城市的基本框架与内容"，这是一个庞大而复杂的系统工程。其总体内容是：综合运用先进的信息技术，在集约环保型信息基础设施建设的基础之上，以"12 个重点应用服务系统，5 大资源管理服务中心，8 个重点基础通信与信息基础设施"为中心，完成从"高起点基础设施建设"、"全面的信息资源共享"到"智能化应用服务"三个层面的核心内容，实现信息技术标准化、信息采集自动化、信息传输网络化、信息管理集成化、业务处理智能化及政府办公电子化（图 3-42）。

从战略层面上看，数字城市总体框架中五个主要战略要点应当加以重视，即基础设施层——战略准备，资源管理层——战略基础，电子政务平台——战略主导，电子商务平台——战略核心，智能交通系统——战略启动。

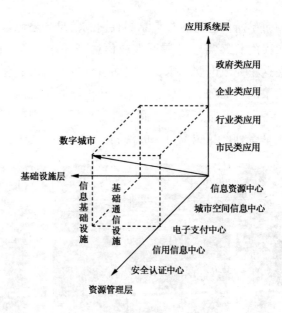

图 3-42　数字城市基本框架的维度

第4章 数字城市的可持续发展策略

数字城市的可持续发展并不仅仅是对现实城市的数字化,而且还要在可持续发展的哲学思想指导下,建设城市系统中的物质流、能量流、信息流、人才流、资金流的综合管理与服务系统,并且以城市可持续发展的建设目标为数字城市系统的实施准则(图4-1)。数字城市系统可以方便、快捷地为城市可持续发展的管理服务和实践决策提供各种信息,而数字城市的可持续发展则是一个基于信息生命周期的系统工程。本章重点将对国外典型国家和地区数字城市的实施策略进行研究,同时比较国内外数字城市实施策略的异同,以期能够对数字城市的实施策略产生启示作用,并在此基础上形成数字曹妃甸的可持续发展策略。

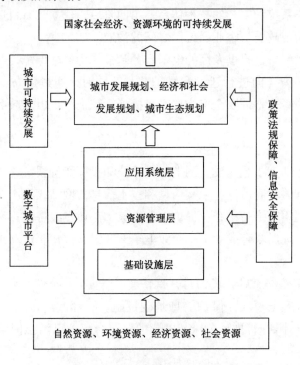

图4-1 数字城市可持续发展系统模型

4.1 国外数字城市的实施策略

4.1.1 美国数字城市的实施策略

美国政府高度重视国内数字化建设，并把其作为国家总体发展战略的重要组成部分。美国实施数字城市的基本策略是：从规划、政策、示范推广、宣传培训和研究开发五个方面入手，推动全社会信息化的发展。美国实施数字城市的基本原则是：鼓励私人投资，鼓励竞争，建立灵活的管理机构，对所有信息提供者开放，确保全球通用服务。美国政府把权力分散给私有机构、企业和国际组织，让市场自由发展，只有当其必要性非常清楚时政府才采取准确的行动干预。①

1. 确立建设电子政务的目标，逐步完善各项服务

美国电子政务平台的核心是"以公民为中心"，其突出特色是网站功能层次分明。主要划分为政府—公民（G2C）、政府—商界（G2B）、政府—机构之间（G2G）、政府内部（IEE）四大类型。

在具体实施方面，采取由简到繁的分阶段策略：第一阶段，主要提供一般的网上信息，简单的事务处理；第二阶段，进一步发展门户网站和复杂的事务处理，实现初步业务协作；第三阶段，重点实现政府业务的重组，建立集成业务服务系统和复杂的技术体系；第四阶段，建立具有自适应力的政务处理系统，实现政府与企业、公民之间的沟通。

在具体实施中，提供专门的电子政务基金作为资金保障，并且以技术为支撑，以市场为导向进行建设和维护。与此同时，通过颁布各项法律、法规、文件和建立完备的安全机构体系等措施，积极维护电子政务平台的安全体系。

2. 推动小企业的电子商务

美国商务部为小企业设立网上交易系统和投标竞价系统；小企业管理局在网络建立有关政府信息、采购信息和技术信息的网站，为小企业提供免费信息服务；利用网络为小企业提供农业专家和法律在线咨询；商务部、农业部和小企业管理局联合成立了小企业电子商务组，进一步推动小企业电子商务发展。

3. 增强网络安全性，提高用户信任度

建立信息安全模式，保护信息基础设施。联邦政府出台《关于信息系统保护的国家计划》，推动公众与民营的自愿合作，以增强网络安全性。为

---

① 张建军. 地方政府在信息化建设中的作用研究 [D]. 济南：山东大学，2008.

了便于保护消费者的网上购物隐私与安全性，商务部企业服务局与企业界、主要用户群和政府部门合作开发专门的电子商务密码系统。联邦贸易委员会和联邦调查局会对网上违规行为进行调查，接收客户投诉，防范黑客等。未来趋势是以政府为核心，逐步转向以企业和个人为中心的市场化安全体制。

4. 加强知识产权的法律保护

美国政府高度重视产权保护，在《专利法》、《商标法》、《知识产权法》等普法基础上，出台了《技术转移法》、《联邦技术转让条例》等信息技术产权的法规，并在对外经贸中强化知识产权保护和制裁，保护国内高技术企业利益和竞争力。

5. 推进企业信息化

政府很少以政策形式促进企业信息化，而主要采取间接调控的推进模式。政府通过减免投资税、加速折旧等法律和政策，支持企业设备更新、技术改造和管理创新，推进信息技术的快速扩散。政府还积极扶持中小企业的技术创新。

4.1.2　英国数字城市的实施策略

英国数字城市的实践也处于全球领先地位。在信息基础设施方面，英国已经成为世界上最为活跃、费用最为低廉的宽带市场之一。在电子政务的应用方面，英国是世界上公认的走在前列的典范。①

1. 提高全民信息化水平

财政部逐步加大对信息技术教育和基础设施的投资，旨在弥补英国的"数字鸿沟"并为公众提供无所不在的数字城市平台服务。政府建设的数字化服务平台覆盖全国所有地区，并设法为低收入群体创造网络服务条件。信息通信业管制机构在弱势群体中实施宽带网络手牵手扶助战略，推动数字平台服务的发展。

2. 积极发展信息技术和产业

政府通过积极介入技术标准的制定，实施恰当的行业管理政策为信息技术的发展营造有序的市场环境，在此番举措下，英国的多项数字应用技术走在世界的前列。

而为了促进信息产业的发展，政府建立了一个有着规范性框架的市场，以激励企业，增强消费者信心，同时放松管制，鼓励竞争。英国是世界上第一个自由开放电信业务的国家，电信市场竞争非常激烈，政府从不轻易干涉

---

① Toru Ishida, Alessandro Aurigi, Mika Yasuoka. World Digital Cities: Beyond Heterogeneity [J]. Digital Cities, 2005 (3081): 188-203.

新的信息通信领域，为其营造宽松的发展空间。

3. 促进企业信息化

政府分别针对大型企业和小型企业制定不同的政策：对大型企业，由于其本身能够达到与国际接轨的程度，故而政府只是提供有利于信息化的发展环境来帮助企业发展信息化；对中小型企业，政府直接提供咨询和帮助，专门建设为中小型企业信息化提供服务的网络平台，并出台多项优惠政策，使中小型企业能够快速地使用数字技术，加速其信息化进程。

4. 大力发展电子商务

政府通过《电子签名法》、《调查权利法》等法律规范，同时采取了多项措施：颁布鼓励电子商务的税收优惠政策，更新不利于电子商务发展的传统立法，承认电子签名具有法律效力，制定政府电子采购制度等。与此同时，政府积极参与国际研讨和国际标准的制定，促使英国电子商务的国际化发展。

5. 推动电子政务发展

政府责成每一个部门和机构制定自己的电子政务策略，并且与有能力提供这些技术的公司建立伙伴关系。同时，政府还出台《政府现代化白皮书》、《21世纪政府电子服务》、《电子政务协同框架》等政策推动"以公众为中心的政府"建设，使大约40%的政府服务可以通过互联网提供给公众，方便每个家庭、每家企业获取政府信息服务。

英国电子政务的主要工作包括：政府信息服务计划和直接政府计划，以电子形式快捷、高效地传送政府服务给每个公众；改善行政效率和公开程度；替纳税人看紧钱包等。英国电子政务的实施原则是：可选择性、强信任性、可获取性、高效性、合理性、信息公开、电子安全。①

4.1.3 欧盟数字城市的实施策略

欧盟的数字化发展战略定位是发挥欧洲的整体优势，采取多国的统一行动。通过统一的立法、时间表、税收政策和信息技术标准等措施，整体推进欧盟各国的城市信息化进程。②

1. 促进电子商务发展

由于电子商务营业额的逐年飙升，欧盟通过《电子签名》、《电子商务指令》等立法手段，全面规范了关于开放电子商务市场、电子交易和电子

---

① 广州市信息化办公室，广东省社会科学院产业经济研究所联合课题组. 城市信息化发展战略思考——广州市国民经济和社会信息化十一五规划战略研究［M］. 广州：广东经济出版社，2006。

② Eric Mino. Experiences of European Digital Cities［J］. Digital Cities, 2000（1765）：58-72.

商务服务方面的法律责任。电子签名在欧盟各国之间的合法化政策，全面推动了电子商务在政府采购中的应用。

2. 建设电子政务平台

制定并完善电子政务的相关法律法规，推行欧盟各国政府之间的信息交换项目，鼓励发展建设、应用和服务。

3. 为提高城市信息化水平创造良好的环境

欧盟大幅度降低网费，加快家庭网络普及进程，为科研院所提供更好的网络设施，建立培训中心，加大网络人才培训力度。同时，设立专门基金改善立法，提高网络安全，营造良好的网络环境。

4. 加强区域信息产业

欧盟优势产业涵盖了半导体、计算机、消费电子、通信和软件等关键领域，信息产业跨国公司资本规模大，研发投入量大且比例高，拥有大量自主品牌、专利技术和技术标准，居于产业链中高端。

欧盟加强区域信息产业发展的具体做法有：第一，注重整合欧洲科研力量，建立统一、高效、开放的科研空间，提供技术输出、技术引进和寻找研究伙伴等服务；第二，加大信息科研投入，研发经费占 GDP 的3%以上，推动信息资源对宏观经济的贡献，满足公众的信息需求；第三，不断推出和完善信息产业政策，支持传统产业的信息技术改造。鼓励中小企业技术创新，逐渐转移产业重点到信息产业内容上。

4.1.4 日本数字城市的实施策略

日本政府推进数字城市实施的基本策略是：采取积极的措施，使企业成为数字城市实施的主体，明确中央政府、地方政府、行业组织与团体的责任和分工，改善数字化服务环境，减少数字化服务障碍，消除由于地理、年龄和身体状况等导致的数字鸿沟，让城市信息网络服务的便利平等地惠及每位市民（图4-2）。①

1. 加强组织领导，实施城市信息化战略

政府在内阁成立了统一的战略总部，负责实施高度信息网络社会战略：首先，明确了数字城市的基本方针、实施重点和领导机构；其次，制定并实施信息社会重点计划；最后，审议重大实施方案并制定推进措施等。战略总部有权根据相关法律要求有关部门提供协助和资料。政府又先后颁布了《e-Japan 战略》、《e-Japan 重点计划概要》，并成立"政府 IT 战略指挥部"，研究推行《电子日本》计划：①加强通信技术设施建设；②培养 IT 人才；

---

① 柯擎. 信息化浪潮中的日本政府［J］. 信息化建设，2003（6）：50-52。

③推进电子商务；④促进行政机构和公共设施信息化；⑤确保信息网络安全、信誉。①

图 4-2　日本数字城市理念

来源：数字城市的发展和展望［EB/OL］. http：//www. docin. com/p-109135493. html

2. 营造新环境，健全电子商务规则

政府首先明确解释现行规则，修改妨碍电子商务的相关法律；修改现行商务法和刑法，完善针对电子商务犯罪的相关法律政策；完善反垄断法，确立纠纷处理机制；制定个人隐私保护的相关法案；制定信息资源课税、创作者报酬获取的法规，以便合理使用信息资源。

3. 普及信息基础教育，培养高级专业人才

政府引入竞争机制，积极改革高等教育制度，增强高校的自主权，改善信息领域教育环境。同时，大力普及地方企业和行业组织的信息技术。政府提出教育信息化计划，完善学校、图书馆等公共设施的网络接入环境；设立国外高级技术人才的引入制度。培养能与国外技术人士合作的人才，促进高校之间的网际交流。加强学校信息技术专业教育，建立信息保密技术资格认定制度，增加相关课程以及信息领域的硕士、博士学位人数，扩大高学历信息人才的培养。

4. 重点实施电子政务

建立电子政务管理信息系统和决策支持系统，并设立专项资金。行政信息电子化，所有人均可登录政府网站，获得有关法令实施、机构组织、主管内容、统计调查、开会审议等信息；申请手续电子化，各种需要政府办理的

---

① Toru Ishida, Alessandro Aurigi, Mika Yasuoka. World Digital Cities：Beyond Heterogeneity［J］. Digital Cities，2005（3081）：188-203.

均可在网上处理，如缴纳税收、户口登记、申报经营等；国家收支管理电子化；政府采购电子化，招投标都在网上进行；办公无纸化，各级政府都建立局域网互联互通，一般文书以电子形式传达。

5. 多方面支持中小企业信息化建设

政府对中小企业信息化建设提供多方面支持，为其举办知识讲座和提供法律咨询等服务。

4.1.5　韩国数字城市的实施策略

韩国为了方便资金技术支持和协调各部门关系，特成立了由总理负责的"国家信息化促进委员会"，指导并制定国家信息化政策和计划，并且总统是该议会的最高首脑，即城市信息化的指挥、决策和监督人。①

韩国政府尤其重视政策法规的制定，具体表现在以下几个方面：②

1. 产业政策

政府制定《信息化战略计划》以提高信息产业竞争力；政府实行特别措施法，对信息风险产业给予政策优待；加强与发达国家信息战略合作，采用向微软转让国有股等形式，推行信息风险产业的认证制度和信息通信产业民营化。

2. 技术政策

政府在新世纪的技术扶持方向是信息技术、环境技术、纳米技术、生命工程技术等，同时制定了《信息化促进基本法》和《尖端产业临时措施法》等指导和激励高新技术研发。政策的重点是提高光部件和芯片技术等新型技术产业的国际竞争力，开发数字信息与传统技术的嫁接，开发信息技术市场等。

3. 融资政策

为了解决城市信息化建设资金不足的问题，吸引大量民间资本的投入，政府创造性地提出了"先投资，后结算"的融资方法，这极大地提升了城市信息化的发展进程。

4. 税收政策

政府利用各种基金推进城市信息化实施进程，并通过国家干预向信息产业提供政策扶持；引导民间企业投资信息产业，通过鼓励企业开发海外市场和建立市场投资储备金等措施，对信息产业给予税收优惠；通过减免税政策

---

①　Toru Ishida, Alessandro Aurigi, Mika Yasuoka. World Digital Cities：Beyond Heterogeneity［J］. Digital Cities，2005（3081）：188-203.

②　张建军. 地方政府在信息化建设中的作用研究［D］. 济南：山东大学，2008。

刺激信息产品出口和内销，并对研发技术新品实施税收保护；对向低收入阶层捐助计算机的企业给予减税优惠；政府提供财政支持，降低并免除企业信息化的各种风险。

5. 人才政策

为了避免"数字鸿沟"的产生，政府高度关注社会所有阶层的信息基本素质，并在全国推行信息化教育计划。对所有在职和失业人员进行信息化再教育，并设立终身教育制度；政府重视智力资源的开发和人才的引进战略，建立多层次、立体式的信息技术教育体制，鼓励全社会共同参与信息教育市场建设；政府在美国"硅谷"建立研究基地，积极引进人才和产品开发设计等。

在电子政务方面，韩国的实施策略主要包括3大目标和11项基本措施。其中，通过对市民登记、社会保险、房地产服务、交通车辆管理、企业登记在内的五大政府应用系统进行了信息共享，建立起一个以市民为中心、为市民服务的政府服务体系。韩国政府的"唯一视窗电子政府"平台，能够提供市民注册、房地产交易、车辆注册管理、个人税收等服务，包括了市民最常用的七成以上的政府服务功能。

4.1.6 新加坡数字城市的实施策略

新加坡在2002年获得了世界传讯协会颁发的"智慧城市"荣誉称号，这是对其在数字城市实施方面努力的肯定。总结其成功的经验，大致可以分为3个阶段：用10年时间实现了全社会的电脑化，再用10年时间实现了城市信息互联互通和资源共享，又用10年时间实现信息资源与应用服务的整合。新加坡最典型的数字化策略就是：提升资源整合的能力，实现城市综合信息共享和网络的融合。这是实现数字城市综合管理和公共服务信息交互、共享、整合的前提和基础。[①]

新加坡的数字化策略主要表现在以下几个方面：[②]

1. 公共服务方面

"eCitizen"是新加坡政府众多在线服务的门户网站，公民只需一个用户名和密码，就可与不同的政府部门打交道，享受政府的"一站式"服务。在此，公民可以轻松实现网上工作、娱乐、学习、商务、医疗、旅游、业务和投票等（图4-3）。新加坡共有76家电子图书馆系统，每天24小时开放，读者可任选一家图书馆看书；以前人工方法申请组建一家新公司要耗时2

---

① 李林．数字城市建设指南［M］．南京：东南大学出版社，2010。
② 郝力，谢跃文等．数字城市［M］．北京：中国建筑工业出版社，2010。

天，并根据公司规模不同交费 1200~35000 新元，现在通过电子服务，只需要 2 小时和 200 新元。

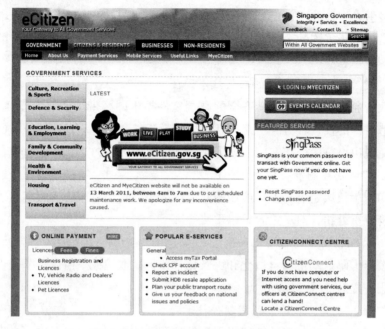

图 4-3　新加坡政府服务在线

来源：eCitizen http：//www.ecitizen.gov.sg/

2. 电子商务方面

新加坡商业环境和知识产权保护水平广受好评。新加坡是全球电子商务运营最成功的国家之一，是世界上最繁忙的港口，未来的规划是发展成为一个世界大数码港，一个环球数码发行中心，一个全球信息通信枢纽。未来新加坡将以电子经济和电子社会为核心，建设成为一个活的数字实验室、全球数字化资产（软件、电影、视频、音乐、游戏等）的处理、管理和分配中枢。

3. 城市管理方面

新加坡数字城管、数字交通经过多年的建设取得了很大的发展。数字交通系统中心严密监控着 1800 个道路交叉口。公路下面埋设的探测线圈能够感应车辆的经过，将其产生的磁场变化传输到交通控制点的接收器上，从而可以调整红绿灯长短，优化当地车流；交通信息系统与交警、救援队、广播中心等是联动的，一旦有严重交通事故或突发事件可以迅速形成联动响应。

4.1.7　印度数字城市的实施策略

与我国一样没有实现工业化，有众多仅受过初等教育的人口和落后的基础设施的印度，找到了一条绕过传统工业化，实现信息化的捷径。究其原因，主要是软件产业的发达和农村信息化的发展。软件产业是印度增长最快、最引人注目的"旗舰产业"，它一直稳定地保持50%以上的惊人增长速度，是仅次于美国的全球第二大软件出口国，这都与政府的扶持政策密不可分。①

1. 建立以出口为导向的软件技术园区

政府通过兴建一批配套齐全的高端软件技术园区带动产业的整体发展，并创造良好的投资环境吸引众多外国公司投资软件业。众多软件技术园区和软件免税出口特区遍布全国，成为印度软件产业的主力军。

2. 完善法律制度，保护软件产权

印度版权法是世界上最严厉的知识产权法，规定对违法盗版者给予刑事和经济双重处罚，对举报者予以重奖等。

3. 大幅推动市场自由化和民营化

政府大幅推动市场自由化和民营化，并且采取积极举措促进基础设施建设和服务提升。

4. 重视教育、培养、利用软件技术人才

政府一方面以优惠的待遇吸引海外的印籍软件人才，另一方面高度重视国内软件人才的教育、培训，大量培养不同层次的软件技术人员。

5. 实施农村信息化策略

印度80%的人口和经济在农村，因此实施农村信息化策略就能推动所在城市乃至国家的信息化发展。

印度农村信息化是建立在发达的软件产业基础之上的，国家信息中心负责农村信息化网络平台。同时研发自动化信息管理系统，针对不同的信息需求建立市场信息系统，促进信息共享服务，进一步推进农村信息化的发展。如农业经济和统计系统、农业市场信息系统、农业研究信息系统、农业信贷信息系统、自然灾害管理系统、土地信息系统、农业推广系统、作物信息系统等等。

印度信息产业部与美国麻省理工学院合作组建了印度亚洲多媒体实验室，目标是探索一种低成本宜于推广的计算机系统，寻求如何利用信息技术改善农村人口的生活，与用户沟通，开发"农村软件"等，实现"数字农村"的构想。

---

① 广州市信息化办公室，广东省社会科学院产业经济研究所联合课题组. 城市信息化发展战略思考——广州市国民经济和社会信息化十一五规划战略研究［M］. 广州：广东经济出版社，2006。

4.2 国内外数字城市实施策略的比较

4.2.1 数字城市实施进程比较

纵观发达国家的数字城市实施进程，大体上可以划分为3个阶段，即城市信息基础设施建设创始阶段，政府和企业信息服务系统应用发展阶段，数字城市平台的全面服务阶段。从整体来看，发达国家已经完成了前两个阶段的基本任务，开始进入数字城市的全面建设阶段（图4-4）。其标志是美国和日本推出的城市"一站式"空间信息服务平台（Geospatial One-Stop，GOS），这是针对已建成的应用系统平台存在的对外非一站式服务、对内数据访问不透明等问题提出的一种解决方案。这种"一站式"信息服务平台全面提升了数字城市平台的应用功能和服务水平。

目前，我国数字城市实施的整体水平处于世界平均水平，位于第一、第二阶段的过程中，而且这两个阶段是同时并进的，数字城市的应用度和影响度还有待进一步提升（图4-4）。具体而言：数字城市基础设施尤其是基础通信设施是全球信息化浪潮推动的结果；信息基础设施特别是空间数据库的建设明显滞后，数据更新机制不够健全，难以实时提供最新的空间信息服务；政府和企业的数字化进程缓慢，建设水平参差不齐；纵向主导体系的信息系统，如金融、税务、海关等，各自垂直的互联互通基本实现，但是横向的系统联系进展缓慢；数字城市整体规划虽然已经启动，但是仅限于少数城市和地区，多数数字城市的实施还处于无计划状态。

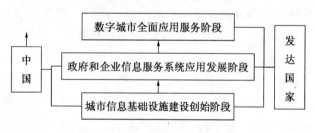

图4-4　数字城市实施进程比较

4.2.2 数字城市信息共享比较

国外数字城市的信息共享度高，以美国、加拿大、澳大利亚为例，地理空间信息采用国家和州（省）两级管理体制，各个城市均可方便的共享使用。各个城市的网站一般只提供小比例尺（1∶250000~1∶500000）的背景地图，如果用户需要检索更大比例尺的地图时，数字城市服务平台就会通过与国家级、州级的地理信息部门或地理信息专业网站链接，让他直接共享专业部门的地理信息。国家级、州级的地理信息部门或专业网站以网络化形式向每位公众提供无偿或低价的多尺度地理空间信息服务。也就是说，每个建成的数字城市平台都不是"信息孤岛"，其背后都有一个庞大的网络化信息资源体系的支撑。

我国数字城市的信息共享度很低。由于地理空间信息实行国家、省、市三级管理体制，因此，各个城市必须独立承担数字城市基础设施建设和信息服务。一方面，由于地理空间信息的保密制度，国家、省、市三级地理空间信息网站未能实现链接，更无法实现全国地理信息共享；另一方面，由于各部门利益问题，城市各部门、行业内部都有空间定位或空间分布特征的信息数据无法实现连续空间化整合的问题，信息共享进展缓慢乃至举步维艰，基本上处于"信息孤岛"状态。

4.2.3 数字城市服务效益比较

城市政府网站群和业务上网的数量、质量、水平是最能体现国内外数字城市服务效益差距的。

国外的政府上网数量很大，如加拿大有540个省、市、县、镇的政府机构上网；政府网上办公主要包括城市规划管理、市政工程管理、城市应急指挥、城市档案管理、城市审计管理、城市财政管理、城市采购管理和城市社区管理；政府普及网上服务，如投资服务、文化服务、旅游服务、社区服务、法律宣传、环保宣传、规划项目征求意见等，其中城市规划项目的网络公众参与较为突出，城市规划法规、城市总体规划、分区规划、规划设计、建筑设计方案等内容都在网上公布，市民可以随时、随地浏览、下载，经过批准的项目设计方案必须在网上进行公示和意见征询，充分体现了程序规范、法制健全、操作透明、尊重民意的特点。

我国数字城市的政府网站群虽然数量很大，但是业务上网的数量、质量、水平发展不均衡。东部较发达地区的城市政府普遍业务上网，如苏州市从市到镇的业务已经全部上网，实现了无纸化办公；中部和西部欠发达地区的城市政府正在进行内部办公自动化建设，对外网上办公水平较低；城市政府网站与业务部门相对应，一个城市可能有数十个局级机关网站，整合率低，不像国外城市一个市级政府网站就能囊括本市所有部门。总体来看，我国城市政府网络服务的广度和深度远不及国外同行，数字城市服务效益相距甚远。

4.2.4 数字城市标准化比较

标准化是数字城市实施的一个根本性的、影响全局的关键，是实现信息共享的前提。国内外数字城市在标准化方面存在较大差距。

国外数字城市的标准化程度较高。基础通信设施和信息基础设施严格执行国家标准或国际标准；由于国外城市通常一个市级政府网站就能覆盖全市所有部门，因此，其网站结构和内容结构都是标准化的，这样就能以标准的内容结构为企业和公众提供信息服务；政府业务上网，如网上办公、网上审批、网上公告等，都是遵守国家和地方法律、法规的；各部门的业务应用系统，包括业务流程、业务表格等，都是依据相应的标准和规范。这些都是有利于数字城市平台的成熟度和可持续发展的。

我国数字城市的标准化、规范化相对滞后，执行效果较差。基础通信设施建设一般依据国家或国际标准，信息基础设施建设一般根据国家测绘标准，但是这些标准对数字城市的适应性较差；城市政府网站建设还没有国家级的体系标准，没有能够覆盖全市所有部门的市级政府网站，城市各部门网站的体系结构和内容结构也没有标准依据；多数城市尤其东部地区城市政府业务上网的规范性较差，管理规范化水平较低。我国数字城市的实施进程表明，标准化、规范化不足的问题已经严重制约了数字城市的实施和信息共享的实现。

尽管我国数字城市建设总体上标准化较低，但是也有部分对其标准化十分重视的城市。如苏州市的《数字苏州建设方案》就把数字苏州的标准化作为一个重要专题建设，提出把苏州市的信息化标准体系、信息共享管理政策法规、信息共享运行机制和信息资源整合作为数字城市实施的重要内容和前提，有效地保证了数字苏州的正常运行。[①]

综上所述，国内外数字城市实施策略的比较情况见表4-1所列。

国内外数字城市实施策略的比较　　　　　　　　　表4-1

比较项	发达国家	中　国
实施进程	完成了城市信息基础设施阶段、政府和企业信息服务系统阶段（前两个阶段）的基本任务，进入数字城市的全面建设阶段	位于第一、第二阶段的建设进程并举中，第三阶段的探索仅限于少数城市和地区
信息共享	城市地理空间信息数据库建设完整，共享度高，可以自由共享国家级和州（省）级的多种信息资源	城市地理空间信息数据库不完整，共享度很低，许多地区处于"信息孤岛"状态

① 王家耀，宁津生，张祖勋. 中国数字城市建设方案推进战略研究 ［M］. 北京：科学出版社，2008。

比较项	发达国家	中 国
服务效益	政府上网办公数量很大,对外提供"一站式"信息服务,提升了城市综合服务效益	政府网站群数量很大,但是业务上网的数量、质量、水平发展不均衡
标准化	基础通信设施和信息基础设施建设严格执行国家标准或国际标准,标准化程度高	标准化、规范化相对滞后,执行效果较差

4.3 国内外数字城市实施策略的启示

数字城市以提高政府管理效率为手段,以改善企业运行方式为途径,以方便市民日常生活为目标,以提升城市的公共服务质量为宗旨,这是所有数字城市实施的最终目的,也是国内数字城市必须重视的经验启示。

综观国外主要国家和地区的数字城市实施策略,进而比较国内外数字城市的发展,可以看出国外更加注重数字城市的"统一规划、统一标准、统一管理、顶端设计和信息共享",这些经验和策略都会对国内数字城市的实施起到很好的启示作用。①

4.3.1 编制统一的数字城市整体规划

标准化、规范化的编制统一的整体规划是数字城市实施的关键,是其成功的前提。

例如,美国通过《2002 年电子政务战略》成立专门的数字城市公司;新加坡制定《政府 ICT 指导手册》对数字城市应用行为进行规范化、标准化;日本通过的《e-Japan 战略》、《电子政府构建计划》与韩国制定的《信息化促进基本计划》、《网络韩国 21 世纪》、《2006 年电子韩国展望》等,都是数字城市整体规划的典型代表,有效地推动了数字城市在这些国家的实施。

4.3.2 建立完善的数字城市管理体制

在数字城市应用系统方面,首先明确政府对于城市信息化服务的重要性,并且相应地建立完善的数字城市管理体制。

例如,英国内阁任命专职电子事务大臣负责领导和协调数字城市的实施,并且每月需要向首相单独汇报工作进展。同时,政府各部门也相应任命

---

① 郝力,谢跃文等. 数字城市 [M]. 北京:中国建筑工业出版社,2010。

专职电子事务部长，并成立电子事务委员会，为数字城市的实施提供决策支持。又如，日本通过信息通信技术在行政工作中的广泛使用，力图建成世界上最便利、最高效的电子政府，并在 2006 年出台的《IT 新改革战略》中提出要简化行政程序，提升行政效率和增加行政的透明度，提高国民生活的便利性。

4.3.3 强化数字城市服务平台的顶端设计

只有通过前期强化数字城市服务平台的顶层设计，才能保证在后期实施过程中先后开发的各种应用系统的兼容性与互操作性。

例如，美国构建了"联邦企业体系架构"（FEA），它是一种以企业应用为架构，以市场需求为导向的设计思路；又如，英国政府针对政府资源的信息管理，发布了"电子政府交互框架"（e-GIF）；再如，德国政府针对电子政务应用系统软件的开发过程、数据结构和技术标准等，出台了"面向电子政务应用系统的标准和体系架构"（SAGA）进行规范。

4.3.4 注重基础地理空间信息的开发与共享

数字城市的基础是城市基础地理空间信息，包括经济社会发展和自然环境资源等各种信息。发达国家实施数字城市都非常重视基础地理空间信息的开发、利用与共享。

例如，美国是由联邦地理数据委员会专门负责城市基础地理空间信息的开发与利用，并向社会发布可共享的信息资源标准和协调实施工作；又如，瑞典乌普萨拉市（Uppsala）通过地理信息系统把城市信息资源和各种数据库链接共享，可以随时随地根据社会公众所需提供使用信息，并为数字城市整体规划及各种应用系统提供完善的信息共享。

4.3.5 重视数字城市各政府部门的协作与共享

为了更好地推动各政府部门的分工与合作，数字城市的实施需要成立专门的领导机构进行统一协调。同时，为了避免同一信息的重复采集和存放，避免重复申请和重复认识，减少数据保存和维护费用，方便不同部门使用统一数据库，需要设立跨部门的信息交换和分析系统，建立一体化的政府信息资源共享系统。

例如，挪威政府制定了专门的信息资源管理政策，把促进信息的重复使用与全面共享作为数字城市实施的一项重要工作；又如，芬兰政府为了加强各政府部门在信息管理方面的协调工作，成立了全新的国家信息管理委员会。

4.3.6 制定数字城市的信息立法与政策保障

数字城市的实施需要有一个良好的法制环境作保障。国际数字城市实践的一个共同特点，就是每个数字城市实施项目或计划都有相关的立法和政策作为保障。

例如，新加坡制定的《信息与应用整合平台——ICT 计划》等，无一不是在实施初期即开始制定政策保障，而且是伴随着实施过程不断出台新政的。

4.4 数字曹妃甸的可持续发展策略

4.4.1 更新观念，明确建设目的

目前，我国数字城市的实施水平参差不齐，应用度和影响度还有待进一步提高，对数字城市普遍缺乏科学的认识，突出表现是没有理解其含义和实施目的。[①]

有的认为数字城市就是建设通信网络基础设施，把网络铺设好能够上网，就是数字城市了；有的认为数字城市就是数字地图、三维城市，把整个城市地图的建筑物都三维可视化，就是数字城市了；有的认为数字城市就是建立几个业务部门的信息系统项目，把业务应用信息系统建成，就是数字城市了；有的城市部门建立一些信息系统只是给上级检查时看，没有真正用于业务中为解决实际问题服务；有的城市缺乏整体规划和统一协调，部门各自为政导致建成许多类似甚至重复的工程，造成严重资源浪费等。

以上这些误解和问题的存在表明，当前首先需要的就是更新错误观念，正确认识数字城市的含义和目的，这是启动数字曹妃甸的前提，也是保证其可持续发展的基础策略。

数字城市的含义（包括数字城市的概念与特征，不同层面审视数字城市和数字城市的历史阶段等内容）在本书 2.1 节中进行了详细的研究。数字城市实施的根本目的就是应用，即"建为用"思想，把信息服务系统的应用效率作为衡量的硬指标。

数字城市应以提高城市政府的科学决策水平、施政水平和管理水平，转变职能，优化服务功能，提高办事效率，增强工作透明度和公众参与度为目的；应以服务于城市规划、更新和管理，加快城市化进程，提升城市信息化水平、集约化水平、生态化水平、公平化水平、竞争力水平和全球化水平为目的；应以带动城市产业结构和经济结构的调整和升级，推动现代服务业的发展，开拓信息服务产业的新领域为目的；应以服务于群众的生活方式、工

[①]　王家耀，宁津生，张祖勋. 中国数字城市建设方案推进战略研究［M］. 北京：科学出版社，2008。

132

作方式、消费方式和人际关系的深刻变革，全面提高公众的素质，促进全社
会的文明进步为目的。

数字曹妃甸应以提高政府管理效率为手段，以改善企业、行业运行方式
为途径，以方便市民日常生活为目标，以提升
城市的公共服务质量为宗旨，这是数字曹妃甸
实施的最终目的（图4-5）。数字曹妃甸是以
信息技术为支撑，以信息服务为宗旨的城市发
展模式；它以智能化的表现方式对现实曹妃甸
进行数字化的再现与升华，形成统一的、共享
的信息管理与服务数据库系统，为政府提供决
策支持，为民众提供便利服务。它具有使现代
城市管理更加高效快捷，居民生活更加轻松方

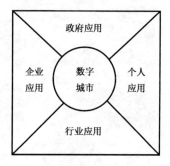

图4-5　数字曹妃甸的实施目的

便的优点，是未来城市可持续发展的一种新模式。数字城市是曹妃甸未来发
展的新主题，是提升其城市竞争力，促进其经济社会发展和人民生活水平提
高的新动力。

4.4.2　因地制宜，重视整体规划

数字城市实施的失败几乎70%是由于前期整体规划不当造成的，其损
失不仅是经济方面的，还是长期的、隐形的影响，往往要到各信息应用系统
全面推广实施后才能在使用中表现出来。[①]

有的城市缺乏一个长远的整体规划，对数字城市实施的长期性、复杂性
和可持续性认识不足，把一个长远的战略目标当作一项近期工程来做，急于
求成势必会形成建设的无序状态，造成资金、物资和人力的巨大浪费；有的
城市没有一个统一的整体规划，没有确定要建设一个什么样的数字城市，就
仓促上马购置各种硬件和软件设备，甚至重复购置而长期闲置，造成巨大的
资金浪费。城市各部门各自为政建设信息应用系统，没有进行信息交流与共
享，造成严重的资源浪费。

以上这些问题表明，必须具有顶层思维，重视数字曹妃甸的整体规划，
否则是无法保证其可持续发展的。

数字曹妃甸的整体规划是实施数字曹妃甸的基本框架和重要依据，应该
进行合理的顶层设计，否则是无法有计划、有步骤地推进建设的，最终也不
会发挥数字曹妃甸的整体效益（图4-6）。因此，在没有制定数字曹妃甸整

---

①　王家耀，宁津生，张祖勋. 中国数字城市建设方案推进战略研究［M］. 北京：科学出版
社，2008。

体规划方案并获得审批之前，不应仓促上马启动项目。

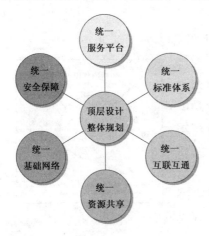

图4-6 数字曹妃甸的顶层设计

在编制整体规划的时候必须遵循以下几点要求：战略性要求——数字曹妃甸是一个长远的战略目标，这就要求整体规划的编制必须站在战略高度上，作好长远的规划；全面性要求——数字曹妃甸整体规划是要通过其建设内容与体系描述清楚的，这个体系应该是全面的、宏观的和可扩展的；可持续性要求——数字曹妃甸整体规划应该跟随现实曹妃甸的变化保持每年更新，可持续发展的现实曹妃甸也应该对应有可持续发展的数字曹妃甸。

数字曹妃甸的整体规划要能够因地制宜地体现地方特色，规划方案要充分考虑到地方经济、文化和社会特点。如：河南省许昌市是以农业为主的城市，因此以数字农业、精准农业系统作为实施的切入点；焦作市是一个经济结构转型的城市，旅游业发展迅速，有著名的云台山世界地质公园，因此以数字旅游系统作为实施的切入点。这些都在启示数字曹妃甸可以借鉴部分成功经验，但是不能直接套用现有的具体内容和做法，要坚持选择适合自身发展的切入点和突破口，建设符合曹妃甸特色的数字城市。根据曹妃甸生态城总体定位和发展特点，近期建设是以居住功能为主，因此实施初期可以选择数字家庭系统（图4-7）和为公众服务的电子政务系统（图4-8）作为切入点，其他应用系统逐渐展开的做法。

图4-7 曹妃甸数字家庭建设现场

图 4-8　数字曹妃甸电子政务平台

来源：数字曹妃甸电子政务平台，http://www.cfdstc.gov.cn，2010

4.4.3　循序渐进，实行阶段建设

数字曹妃甸的实施要在完善的整体规划基础上，结合实际需求，实行阶段化、循序渐进的方式，决不可急于求成，盲目上马，这需要集中全社会各行业的力量和热情，需要政府、企业和个人的通力合作。

1. 营造良好的舆论环境

数字曹妃甸是一项复杂的巨系统工程，投资数量大，回报周期长，一般要 6~8 年，但是一旦正常运行效益往往高达 7 倍之多。[①] 由于公众往往会对数字城市存在一些认识上的误区，因此政府在推动数字曹妃甸实施的过程中要做好宣传工作，为其营造一个良好的舆论环境，保障其实施的顺利进行，并充分调动企业和市民的参与积极性。

2. 做好硬件配套设施建设

数字曹妃甸的基础设施建设至关重要，它关系到长远的可持续发展，因此要高起点、高标准、阶段化地进行基础设施层建设，逐步完善资源管理层，达到应用系统全面服务的阶段。

3. 逐步完善法制建设

信息资源共享的基础是信息的标准化、规范化，这要求政府有计划地制定网络服务管理、信息资源管理、信息市场法则、知识产权保护等法规，加快信息技术和信息资源标准体系的建设等。

4. 加强人才培养和储备

要充分发挥政府和社会的力量，提高当地科研院校的吸引力，有计划地培养和引进信息技术人才，为数字曹妃甸提供强劲的人才队伍。

根据城市信息系统工程理论中信息化发展阶段的经典模型，建立一个阶段化成熟度模型，对数字曹妃甸的实施进行阶段化分解，是其可持续发展的重要策略。数字曹妃甸的阶段化路径从总体上划分为初始、拓展、优化、成熟四个阶段，每个阶段在网络与信息、管理与运行、应用与服务、产业与经济方面都表现出不同的特征，阶段之间既非截然分开，也非相互超越(图4-9)。[②]

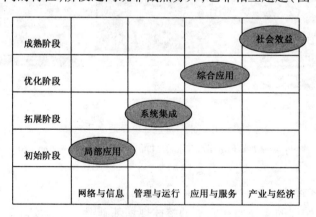

图 4-9　数字曹妃甸的阶段化模型

① 佟晓筠. 信息化与数字化城市发展战略和对策研究 [M]. 沈阳：东北大学出版社，2008。

② 吴伟萍. 城市信息化战略：理论与实证 [M]. 北京：中国经济出版社，2008。

（1）初始阶段：基础设施局限于点对点的传输模式，初步引入信息技术应用，涵盖业务少，系统不统一、局部化、孤立化，初步文档电子化和单一业务信息化，城市管理与运行系统处于各自为政状态，产业与经济效益不足。

（2）拓展阶段：信息技术普及，局部业务应用增多，信息系统林立，部分业务系统实现集成化，开始为市民提供服务。但是，各个业务应用系统缺乏协调与信息共享，信息产业与经济初具规模但效益不佳。

（3）优化阶段：基础设施建设完备，对城市信息资源获取、分析、加工和应用能力加强，业务服务集成化、规范化。信息资源成为主要的生产要素，但业务流程的合理和优化，提高城市管理效益成为主要问题。

（4）成熟阶段：充分发挥数字曹妃甸服务平台的效能，信息技术应用成熟度高，信息资源共享领域广泛，服务平台涵盖整个城市的几乎所有领域，带来巨大的经济和社会效益。

4.4.4　物尽其用，共享信息资源

物尽其用，共享城市信息资源是数字曹妃甸实施的根本任务，是其可持续发展的核心策略。数字曹妃甸是一个城市战略目标和整体解决方案，必须把信息资源共享放在第一位。目前现有的数字城市中"信息孤岛"比较严重，他们只是建设一个个孤立的业务应用信息系统，这不仅造成了人力、物力和资金尤其是信息资源的浪费，更严重的是等到需要解决全局性、跨部门的综合性问题的时候就束手无策了。①

共享信息资源是数字曹妃甸可持续发展的根本策略，是建设节约型社会，实现经济社会全面协调可持续发展的一项长期任务，政府应该站在战略高度，统筹协调好各个部门的利益问题，提前排除信息资源共享的障碍。

实现数字曹妃甸信息资源共享的 5 个关键如下（图 4-10）：

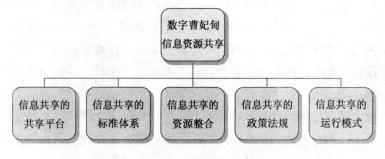

图 4-10　数字曹妃甸信息资源共享的关键

---

①　王家耀，宁津生，张祖勋. 中国数字城市建设方案推进战略研究［M］. 北京：科学出版社，2008。

1. 信息共享平台

建立完善的数字曹妃甸服务平台是实现城市信息资源共享的前提。

2. 信息共享的标准体系

标准体系应用的严重滞后是制约信息共享甚至制约数字曹妃甸发展的主要问题，要遵循"信息共享、标准先行，统一规范、统一标准"的原则制定标准体系的内容和策略等。

3. 信息资源整合

在数字曹妃甸的实施中，很重要但是难解决的一个问题就是把现在各部门、各行业、各企业的信息资源最大限度地整合与应用，这牵扯到各方的利益和关键技术的实现问题。

4. 信息共享的政策法规

信息共享的政策法规，包括与信息共享技术管理相关的、与信息共享经济管理相关的、与信息共享社会管理相关的政策法规等部分。信息共享的管理政策，包括与信息共享协调管理相关的、与信息共享计划管理相关的、与信息共享市场管理相关的、与信息安全协调管理相关的政策等部分。

5. 信息共享的运行模式

目前数字城市信息资源共享运行模式主要包括：市政府直接管理模式（"上海模式"）、政府控股股份公司管理模式（"北京模式"）、政府委托权威部门代理管理模式（"曹妃甸模式"）和市场模式（"厦门模式"）。根据数字曹妃甸的实际情况，选择政府委托权威部门代理管理模式比较合适，而曹妃甸政府也正是选择了这种模式，由曹妃甸政府主导的、与河北城通网络集团合作成立的"唐山市曹妃甸国际生态城城通信息科技有限公司"代理管理。

此外，城市信息资源在市民之间的共享应用也是数字曹妃甸可持续发展的必然要求。对于市民百姓来说，数字曹妃甸建成后，身边的信息设施将会越来越多，使用这些设施将不可避免地成为大家工作和生活的一部分。在使用信息设施过程中，市民的生活方式、消费方式、文化方式和交往方式也将因此而数字化；市民通过共享各种信息资源，将会学到很多先进的理念和知识，掌握大量有价值的资讯，这样就能全面提高公民的素质；市民在使用应用服务系统，为自己提供便利的同时，还将促进曹妃甸网络化、智能化管理水平的进一步提高，加快全社会的文明进步，推动和谐社会的建设。

4.4.5 长远眼光，完善保障体系

建立完善的保障体系是数字曹妃甸可持续发展的保障策略。数字曹妃甸涉及政府、企业、行业和公众的多个方面，需要政府管理和市场运作相结

合，这将冲击或者触动传统观念、政府体制和运作机制，将改变人们的生活、工作、消费、文化、交际等方式，所有这些都需要配套的政策和法规作为保障体系。但是目前的体系建设还相当滞后，会造成部门之间因为资源共享而发生扯皮事件，最终导致市场运作机制因为保障体系不完善而影响实施的正常进行。①

根据国内外典型数字城市的经验，结合实际情况，数字曹妃甸应该完善以下4个方面的保障体系（图4-11）：

图4-11　数字曹妃甸的保障体系

1. 组织领导体系

组织领导体系是保障数字城市正常实施的核心，它需要作为政府"一把手"工程来抓，必须由主管领导亲自主持才能保障工作的顺利开展。因为数字城市是一个决定曹妃甸发展的战略性、全局性问题，涉及几乎城市的所有部门、企业、行业和个人，唯有能对城市未来作出正确决策的主管领导亲自主持，才能解决诸如各自为政、重复建设、条块分割等问题；数字曹妃甸的实施需要组建一个强有力的领导小组，专门负责组织编制整体规划、政策与标准、组织协调、资源统筹等事务（详细内容参见5.2节关于数字曹妃甸统一的组织管理体系的研究）。

2. 技术支撑体系

技术支撑体系是数字曹妃甸实施、运行和应用的基础，它需要组建一个全面的技术团队，其中涉及网络通信技术、地理空间信息技术、数据库技术、计算机应用技术等多种技术学科，如苏州市的数字苏州工程研究中心、数字苏州城市空间信息系统实验室等。加强人才培养和技术储备，依托当地科研院校的实力，有计划地培养和引进信息技术人才，为数字曹妃甸提供强劲的人才队伍和技术力量。

---

① 王家耀，宁津生，张祖勋. 中国数字城市建设方案推进战略研究［M］. 北京：科学出版社，2008。

3. 政策法规体系

政策法规体系是数字曹妃甸实施的依据，它需要研究与制定各种相关政策法规，建立符合需求的政策体系，其中包括信息安全政策、采购政策、产业政策、分配政策、消费政策、投融资政策、人才政策等。同时，强化数字曹妃甸法制环境建设，建立法制体系，其中包括立法、执法、司法和法制宣传等。

4. 信息安全体系

信息安全体系是数字曹妃甸实施与应用的关键，它需要的信息安全体系保障，主要是建立信息安全目标与策略。理顺信息安全管理体制，明确责权，从人员管理上保障信息安全；完善信息安全技术、产品、设施，从技术管理上保障信息安全。

4.4.6 协调发展，整合城市建设

数字曹妃甸与现实曹妃甸协调发展、统筹建设，会对整个城市的可持续发展形成"双轮驱动"作用，这是数字曹妃甸可持续发展的"共生"策略（意指同步规划，同期实施，共同发展）；同理，因地制宜地选择、规划与现实曹妃甸的经济社会特点相适宜的数字曹妃甸平台，是曹妃甸国际生态城建设取得成功的重要保障。二者的统筹规划、同步进行，可以节约投资，降低成本，形成信息的综合利用，是避免重复投资、重复建设、形成信息孤岛的有力措施。最终实现数字曹妃甸建设与现实曹妃甸建设统筹协调、整合发展，数字曹妃甸规划与现实曹妃甸规划互补互动、共同发展（图4-12）。

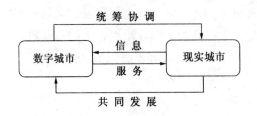

图4-12　数字曹妃甸与现实曹妃甸的互动关系

关于数字城市与现实城市之间的关系，目前还存在一些认识上的问题。如：有的认为数字城市建设只是投入而没有回报或投入巨大而回报很少，这是发达国家的事，是一种与己无关、消极等待的态度；有的对数字城市实施初期需要投入而收益是一个长期效应，没有一个正确的认识就仓促建设，希望能够立竿见影，迅速得到经济效益上的回报，一旦事与愿违就会轻易放弃导致半途而废；有的没有认清数字城市与现实城市之间的互动关系和共生策

略，片面地、割裂地看待二者，往往导致即使数字城市建成，也会出现不可持续发展的状况。

数字曹妃甸与现实曹妃甸协调发展、统筹建设，会对整个城市的可持续发展形成"双轮驱动"作用，主要表现在：

1. 基础设施层

基础设施层建设将推动网络通信产业、电子信息产业和空间信息产业的发展。通信与网络基础设施和空间数据基础设施之间的关系，如同人体血管和血液的关系，对于数字曹妃甸的实施都是至关重要的。通信与网络基础设施建设可以加速城市通信与网络产业的发展；空间数据基础设施建设可以形成新的地理空间信息产业。

2. 资源管理层

资源管理层建设将拉动软件产业的发展。资源管理层包括的五大服务支撑中心建设，是实现数字曹妃甸基础设施层向应用服务层转换的"桥梁"和"纽带"，其主要任务是，对下屏蔽数据资源的分布和异构特性，对上向应用服务系统提供透明的、一致的编程接口和环境。其中的软件支撑开发是关键，这将极大地拉动曹妃甸软件产业的发展。

3. 应用服务层

应用服务层建设将增加政府、行业、企业和个人的应用需求，扩大信息服务和信息资源的服务市场，加速城市信息服务产业的发展。数字曹妃甸应用服务层包括电子政务、应急指挥、数字城管、智能交通、电子商务、现代物流、数字环保、数字规划、数字医疗、数字家庭、城市一卡通、城市信息亭等系统，这些都会极大地刺激信息服务市场，加速城市信息服务产业的发展。

4.5 本章小结

本章重点研究"数字城市的可持续发展策略"，通过国外数字城市的实施策略，国内外数字城市实施策略的比较，国内外数字城市实施策略的启示等内容的研究，形成对数字城市实施策略的全面认识，并在此基础上提出数字曹妃甸的可持续发展策略（图4-13）。

首先，研究欧美等发达国家和亚洲日本、韩国、新加坡、印度等国家中数字城市的实施策略，可以学习到国外先进的实施策略和理念；其次，从实施进程、信息共享、服务效益、标准化4个方面对国内外数字城市的实施策略进行了比较，可以看出国内数字城市在实践中还存在的诸多问题；再次，从比较中发现不足，从国内外数字城市的实施策略得到了6个方面的启示；

最后，围绕数字曹妃甸的整个实施过程，提出数字曹妃甸的可持续发展策略，旨在为曹妃甸提供全面、协调、可持续发展的信息服务平台和决策支持系统。

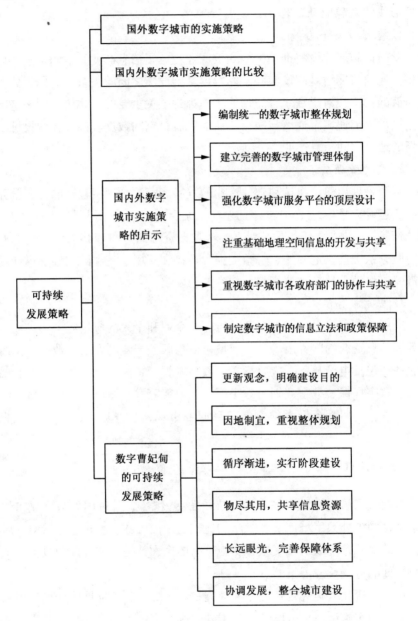

图 4-13　数字城市可持续发展策略的框架结构

第5章 数字城市的实施路径与模式

5.1 数字城市的实施模式

5.1.1 国际数字城市的实施模式

从全球范围来看，数字城市的实施模式大体上可分为两种：城市联盟模式和政府推动模式。欧洲多采用城市联盟模式，通过城市与城市之间达成联盟，优势互补，以互帮互助、共同促进的方式实现数字城市；亚洲多采用政府推动模式，以各级城市政府为主导，支持和推动数字城市的实施（图5-1）。[①]

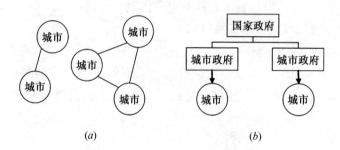

图5-1 国际数字城市的主要实施模式

（a）欧洲城市联盟模式；（b）亚洲政府推动模式

而政府推动的力度、方式、层次等因素的不同，也会对数字城市的实施模式产生不同的影响。目前主要有以下3种方式：[②]

1. **政府主导型的直接推动**

政府在数字城市实施中发挥主导作用，编制整体规划，制定保障政策和

---

① 佟晓筠．信息化与数字化城市发展战略和对策研究［M］．沈阳：东北大学出版社，2008。

② 广州市信息化办公室，广东省社会科学院产业经济研究所联合课题组．城市信息化发展战略思考——广州市国民经济和社会信息化十一五规划战略研究［M］．广州：广东经济出版社，2006。

参与过程实施，并通过财政、税收等金融手段给予全力支持。新加坡是这种方式的典型，在实施多项国家数字化计划的过程中，政府"软硬兼施"。从科研到产品再到应用进行了统一规划，并以各种优惠政策鼓励企业参与，让各行业和公众首先使用信息技术服务。

2. 政府适度推动

有些政府对数字城市实施的初期很重视，投入了较多的人力、物力资源，但是在后期的开发应用上却较少介入，主要靠市场的力量调整优化资源配置。纽约市政府在数字城市实施中敏锐地抓住了软件新媒体的产业先机，迅速组建由副市长领导的工作小组，采取减税、优惠等多项措施，推动了高新技术产业的发展，为数字城市的应用寻找到新的机会，但是此后的拓展和应用则完全交给企业了。

3. 政府间接推动

有些政府是通过各类协会与科技中介组织来间接推动数字城市的实施，政府只是担当辅助角色。如悉尼的信息工业协会是推动数字城市实施的主要机构，而政府只是从旁协助。有些政府是把间接推动和直接推动结合在一起。如新加坡虽然是政府主导直接推动数字城市实施，但是其行业协会（计算机协会和IT联盟）也在发挥着重要作用。

5.1.2 数字曹妃甸的互动实施模式

分析目前国际数字城市的主要实施模式，并且结合自身的现实条件和地域特色，数字曹妃甸的实施应该选择自上而下的政府主导型的直接推动模式，同时结合自下而上的公众参与模式，形成具有自身特色的互动实施模式。

5.1.2.1 自上而下的政府推动

根据国外发达国家数字城市的实践经验可以看出，多数是以电子政务平台作为数字城市的切入点和突破口，进而依托成熟的电子政务平台拓展数字城市应用（图5-2）。因为政府部门的数字化是数字城市的重要组成部分，信息技术的渗透作用对变革和创新行政管理模式具有深刻的影响，所以数字曹妃甸政府推动模式的突破口应选择电子政务系统，通过电子政务平台实现信息的透明与公平，提高办事效率和服务水平。近年来，北京、上海、广州、南京、苏州等城市在政府电子政务体系已经初具规模的基础上，扩展了城市地理空间信息服务、城市一卡通、数字城管、城市公共安全、智能交通系统、公共卫生系统、城市突发事件应急指挥等数字城市应用服务平台，为数字曹妃甸的实施提供了可供借鉴的经验。

政府在推动过程中，要注意采用先易后难的实施策略。由于数字曹妃甸与空间数据有关，且数据量巨大，因此它比一般的信息系统要复杂得多，是一个复杂的巨系统工程。虽然现有的许多城市投入了大量经费在地理信息系统上面，但是社会效益并不显著。因此，政府部门要充分预计到数字曹妃甸的实施周期和复杂程度。实施过程中要采取先易后难的原则，先建立那些并不复杂且投资小见效快的系统，通过数字城市的服务项目养数字城市系统工程。如北京数字绿化隔离带工程和东莞土地交易信息系统，两个系统虽然都不太复杂，但前一个可以为绿化隔离带的拆迁节省大量赔偿费用，后一个可以带来巨大的土地增值效益。①

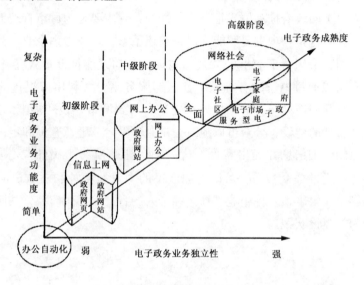

图 5-2　电子政务的成熟度模型

来源：王平．城市信息化与政府治理模式的创新 ［D］．上海：华东师范大学，2005

　　政府部门做好组织协调管理工作，是实施数字曹妃甸的关键环节，尤其是网络资源共享和数据资源共享。由于历史发展的原因，现有的城市分别铺设了电话网、有线电视网和计算机通信网，这实际上已经造成了浪费，它们要做的补救工作是"三网融合"。而作为新城开发的曹妃甸国际生态城，完全可以通过前期的协调工作实现三网在高层业务应用方面的融合，形成全城统一的数字通信网络，实现硬件资源共享，为信息共享创造条件。因此，为了避免造成相互割据的局面，政府首先要把网络建设规划和高效连通的问题协调好。

　　针对目前现有的城市推进"三网融合"难度较大的问题，尤其是各大

---

① 段学军．数字城市建设研究 ［J］．地域研究与开发，2003（5）：1-4。

通信运营商的利益分配问题和市民选择服务的使用问题等，曹妃甸的数字家庭试点作出了较好的解答（图4-7）。曹妃甸政府与河北城通网络工程投资集团合作成立了"曹妃甸城通公司"，由它专门负责数字曹妃甸的基础通信设施建设，然后与各大运营商洽谈后期的运作方式。当"城通"的光纤到户后，各大运营商通过租用城通的设备来传输信号。用户在使用时只需要通过一个转换器就可以选择任何一家运营商服务，最后根据服务计时来统计费用，从而实现真正的"一根光纤、三网融合"的共享服务。

5.1.2.2　自下而上的公众参与

自上而下的政府推动模式是有局限性的，它主要是为城市管理部门决策服务的。虽然这是一项重要职能，但是它还不够，还要考虑企业、社区和个人三个层面，采用自下而上的公众参与模式，与政府推动模式互补（图5-3）。公众可以通过电子政务和数字社区等服务平台，利用可视化的虚拟现实技术，直观便捷乃至身临其境地感受、参与到城市建设和决策的过程中。例如数字长沙的建设，公众可以随时登录服务平台，随意查询和定位，察看任意区域的详细信息并提出意见，这一平台让政府与市民的"心更近了"（图5-4）。通过公众参与，可以增加市民的主人翁精神和对城市的热爱程度，能够最大限度地发挥企业、社区和个人的智慧，集思广益，共同参与数字曹妃甸的建设实践。

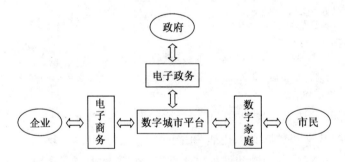

图5-3　数字曹妃甸的互动实施模式

未来数字曹妃甸实施的核心应该是企业和社区。企业方面，通过信息技术对传统企业进行升级改造，形成信息服务型企业，并逐渐成为城市新的经济增长点；社区是连接政府与个人的桥梁，是城市现代化与文明的关键。数字化社区在社会精神文明建设中将起重要作用。个人是社会消费的主体，也是信息化服务的主体，必须注意当地市民的消费习惯和消费能力，简单起步、市场运作、便民利民。

图5-4　数字长沙公众参与平台

来源：数字长沙 ［EB/OL］．http：//www.cgtiger.com/ch/example1.asp？id＝19

数字曹妃甸的可持续发展要靠企业自身的经济效益支持，也就是说政府要为企业创造一个良好的环境和机制，既要有效控制不一哄而上，又要引导企业不一味烧钱。政府要让承担数字化建设的企事业单位获得明显的经济效益，且能够自力更生、不断发展。通过拓展电子商务平台和发展现代物流系统等措施，让企业赚到钱。政府不能仅为数字曹妃甸扔钱，在增加城市发展的社会效益基础之上，可以通过拓展信息服务项目等途径得到直接的经济收益，即政府在数字曹妃甸的实施中也要受益，要把信息流变成资金流。

5.2　数字城市的实施路线

"高起点基础设施建设"、"全面的信息资源共享"和"智能化应用服务"是数字城市实施的核心内容。其实施要点是：基础通信设施统一规划、集约建设、环保施工，政策调控、法规保障、规范管理、制度配合，统一标准、统一技术、共享服务，安全分割、边界控制、资产分级保护，开放、共享和协同的服务支撑。

5.2.1　集约环保

基础通信设施建设充分考虑可用性、可靠性和环保性，采取统一规划、统一建设，构建覆盖全市的高速城域网络。

建设数字城市信息共享与数据交换平台，部署支撑政府各部门网络互联互通的安全交换节点网络，建设包括人口基础数据库、法人单位数据库、宏观经济数据库、自然资源数据库、空间地理数据库、城市基础设施数据库、企业信息数据库和政策法规数据库等八大数据库。为了实现资源的共享管理，创建和维护共享的新秩序，需要考虑发展需求、规划管理、数据资源、共享技术和共享规则这五个要素和他们的相互关系；研究制定并出台相关的共享政策和共享法规，研究开发并应用相关的共享技术和共享标准。

建设信息资源服务支撑，构建城市信息资源中心和共享服务支撑体系，包括：信息资源中心、城市空间信息中心、电子支付中心、信用信息中心、安全认证中心。同时，建立适合的评价体系，对共享服务的绩效进行评估。

电子政务系统坚持机要涉密网络物理独立，内网分割压缩，外网扩充互联的实施原则。保证机要涉密网的独立性，保证国家秘密安全；政府内网的主要业务就是公文流转，只要是不涉密的行业业务系原则上一律并入外网；在此基础上构建全城统一的门户网站和资源共享服务平台。除了人数较多且行业信息网有特殊要求的部分局委外，政务内网和外网原则上在全城统一平台建设。

城市应急指挥系统是应对重大突发事件的重要指挥平台，建成包括110/120/122指挥中心、卫生防疫指挥控制中心等在内的应急联动网络平台，覆盖城市各个主要行业，具有多种手段支撑的指挥控制中心。

行业类应用系统由各业务主管部门按行业标准进行建设，通过在各局委网络边界部署安全共享交换设备，实现全城范围内的资源共享和协同办公，完成业务层面的联合审批和办理。在此基础上，形成若干个重点信息资源数据库。对于一些覆盖多个部门的综合业务管理系统，由于涉及多个系统之间的业务协同，更应该纳入数字城市这个大体系中，按照数字城市的统一标准和规范，实现与其他系统之间的信息共享和业务协同。

建设统一开放的公共信息服务平台。公共信息服务平台在进行政府信息发布时遵循三个原则，即无偿、无限制和无歧视，政府信息发布采用"完全与开放"的共享政策。对于一些行业业务数据（非政务信息范畴），可以采用商业机制有偿发布信息资源，以弥补数据管理机构政府投入经费的不足。信息共享既要促进信息资源流动，促进其价值的充分发挥，也要保护数据所有者的权益。

5.2.2　规范管理

数字城市是一项基础性的跨行业、跨部门的综合系统工程，它牵扯到城市的各个行业、组织机构、管理体制和工作方法等一系列的问题，需要投入大量的人力、物力和财力。为了保证数字城市的合理规划和稳步实施，必须要在地方政府的统一领导下，采取多种有效的组织措施，集合各个企业、行业单位和广大市民的参与才能顺利完成。

数字城市的实施采用"一个领导小组决策协调，一个职能部门归口管理，一个管理中心建设维护，多部门各司其职，全社会共同参与"的管理模式，"政府引导、统筹规划、资源整合、合理布局"的工作原则，编制数字城市的整体规划，制定应用服务系统的技术方案，出台政策法规等保障体系，设立专门的组织管理机构等（图5-5）。

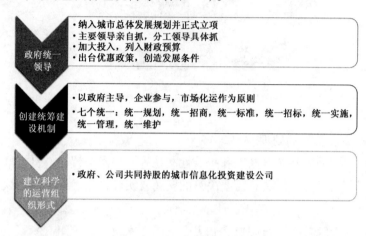

图 5-5　数字城市的规范管理体系

来源：河北城通集团．曹妃甸信息生态城概要方案演示文件［Z］．2009

5.2.2.1　统一的组织管理体系

设立统一的组织管理体系是数字城市成功实施的关键，做到有人决策，有人实施，有人检查。数字城市的实施不能仅依靠某一个行政部门来组织协调，若仅依靠规划局，只能解决规划信息系统建设，而不能保证其他行业信息系统的实现；若仅依靠电信局，至多可以协调网络资源共享问题。为了有效地协调数字城市的实施，应设立数字化/信息化办公室，并由市长或主管副市长担任一把手，成立由技术人员和行政管理人员共同组成的工作班子，破除部门利益壁垒，制定发展纲要和资源共享的政策与标准，使数字城市在政府的统一领导下健康发展（图5-6）。

1. 领导组

领导组由城市核心领导班组成员组成，将数字城市作为政府一把手工程来抓，主要任务是决策和协调。具体工作内容包括：

（1）制定实施的方针、政策；

（2）批准总体规划方案，包括实施内容、时间进度、经费预算等；

（3）协调与上级部门、各委办局关系；

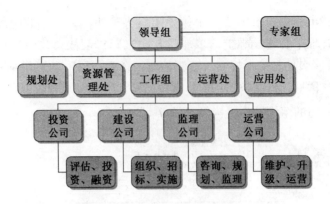

图 5-6　数字城市的组织管理体系

（4）突发事件的处理。

工作方式采用联席会制度和指令性文件等。每次会议均有良好准备，相应材料提前发给与会成员，需要决策的问题要明确提出，以提高会议效率。

2. 专家组

聘请大专院校、科研院所、知名企业的专家组成专家组。专家应具有较高的理论水平和丰富的技术经验或行业经验。具体可以分为：数字城市专家、各业务领域专家、网络与系统专家、软件系统专家和法律法规专家等。

每个项目设立相应的专家组，该组主要工作：

（1）前期征求意见，集思广益，提供项目咨询与技术评估等；

（2）中期评审，主要对实施方案进行反复讨论、审查评议、技术论证等；

（3）后期验收，评价建设质量，验证实施效果。

当然，所有项目都希望有优秀的产品供应商、咨询公司、监理公司和技术公司来参与。由于所有项目都是技术公司来具体实施的，所以开始的选择和实施中及实施后的合作是非常重要的。

3. 工作组

工作组分为规划和实施两部分。规划组主要是在数字城市领导组的领导下，完成中长期数字城市规划和年度实施项目的规划。实施小组再分为技术工作小组和业务工作小组，当一个项目较小时，这两个组可以合起来操作。其中技术工作组偏重技术事务，业务工作组偏重业务流程方面工作。

实施组的主要任务是：

（1）从项目立项开始，到项目的需求确认，项目的方案设计和认证，项目计划安排，项目经费安排，确定具体业务实现流程，到负责项目实施中各种日常工作、进度检查、文件起草、协调开发商、应用部门等各方关系；

（2）参加项目的采购和分包，全过程参加项目的开发和实施。

工作组可有效地利用项目的资源，加强项目的跟踪和控制，有效控制项目的风险。在项目结束后，相应完成分析和文档等工作。

5.2.2.2　完善信息法规和标准

依据国家和省市有关政策法规，将数字城市的实施工作纳入法制轨道，并且结合实际需要，制定并完善数字城市和信息产业发展的法律、规章和制度。积极贯彻落实国家标准和行业标准，根据数字城市实施的实际情况，有针对性地制定各城市的地方性标准规范和体系，加强数字城市标准的交流与合作，积极参与标准的制定工作，保障数字城市的健康有序发展。重点抓好信息资源开发利用、信息共享、信息安全、信息技术应用、信息产业、电子政务和电子商务等领域的法规制定。同时，把数字化工作列入各部门的年度工作目标管理考核内容，制定数字化工作考核和量化标准，纳入综合考评范围。

5.2.3　共享服务

共享服务的核心即统一标准、统一技术。资源共享面对的是一个分布、异构、复杂多变的系统集合，形成数据标准体系和数据分发服务体系。统一标准、统一规范是资源共享的前提和保证（这里的统一规范是系统整合和互联互通的规范，不涉及各业务系统自身的标准规范）。

5.2.3.1　信息共享的标准体系

信息共享是在数字城市范畴内实现工程化、合理化和科学化的资源共享标准。只有在统一标准的前提下，信息资源共享的总体目标才能够有效地实现。信息共享将使数字城市在实施一开始就能够自上而下地遵循规范化的途径有序地进行，减少无效的建库劳动，从而提高信息资源共享的使用效率。信息共享标准体系的建立为其进入基础设施层和资源管理层做好了准备，为信息资源的高度共享及与其他应用系统的高速连通创造了必要的条件。

信息资源共享的标准可以划分为 4 个类别，即基础标准、公用标准、技术标准和行业领域标准：

1. 基础标准

基础标准是信息资源共享标准体系建设的纲领性标准，是整个信息资源共享标准体系建立的基础，是数字城市标准建设的指导性标准，其内容包括标准参考模型等相关标准。

2. 技术标准

技术标准是信息资源共享系统建立的直接依据，是为实现数据操作管理、应用信息服务目标，各领域都需要的技术规范。技术标准主要包括技术实现规范和抽象服务规范两个层次的内容。

3. 公用标准

公用标准是各领域信息资源共享标准建设过程中需要普遍参考的标准，它包含了数字城市数据标准和建模过程所必须参考的标准。其中，数据标准包括3个方面，数据管理、数据模型和算法、信息服务等。建模过程包括抽象建模、领域参考模型、结构体系参考模型、剖面刻画等。

4. 行业领域标准

行业领域标准是根据应用标准、结构体系参考模型、抽象建模和行业参考模型对标准建立的规定，同时参考技术标准而制定的符合特定学科领域的信息资源共享目标的相关标准。

目前在信息资源共享标准系统中急需实施的标准包括：空间信息资源共享参考模型、元数据标准规范、信息资源共享标准参考模型、信息分发服务规范、共享服务网建设规范、信息资源中心建设规范。

5.2.3.2　信息共享的运行模式

在国外，信息共享的运行模式除了受信息本身的特点所决定之外，还受到各国国情的影响。大多数国家和地区采用分类管理模式，但是也有采用全部市场模式和公益模式的，这些取决于各个国家对信息经济属性的认识差异。

在国内，分析各地数字城市的实践，也出现了多种信息共享的运行模式试验。以空间信息资源共享为例，目前主要有以下几种模式（表5-1）：[1]

信息共享的运行模式　　　　　　　　　　　　　　表5-1

模　式	特　点	代　表
市政府直接管理模式	由政府部门组织人力、物力、财力，协调相关单位长期共建共享	上海模式
政府控股股份公司管理模式	政府控股的，以股份制模式联合共建的高新技术企业，建设、运营城市公用信息平台，并提供相应的信息服务	北京模式
政府委托权威部门代理管理模式	由政府支配并投资建设城市信息基础设施，其运营和提供相应的服务则依托于政府的信息资源权威部门代理	曹妃甸模式

----

[1] 王家耀，宁津生，张祖勋．中国数字城市建设方案推进战略研究［M］．北京：科学出版社，2008。

152

模　　式	特　　点	代　　表
市场模式	以市场为导向，考虑数据信息和应用系统的生命周期，运用市场化的手段将数字城市作为一个产业来做	厦门模式

1. 市政府直接管理模式——上海模式

这是"数字上海"采用的模式，其特点是由政府部门组织人力、物力、财力协调相关单位长期共建共享。城市信息资源不仅是"数字上海"的重要组成部分，而且是政府部门进行宏观决策和城市管理的工具和手段，还是城市经济、社会发展和市民生产、生活的服务基础。"数字上海"是将国民经济建设各部门的专业信息数据与基础地理信息数据相结合的过程，因此，数据信息共建共享成为其必然的要求。如果要全面实现信息资源的社会共享，就要建立一种在互相提供数据基础上的信息资源共享机制，唯有此法才能真正实现"数字上海"。

2. 政府控股股份公司管理模式——北京模式

这是"数字北京"采用的模式，它是由北京市政府、中国电信、广播电视电影总局、国家金融部门共同发起的，以股份制模式联合共建的、以现代企业管理模式运营的高新技术企业，即首都信息发展有限公司（简称"首信公司"）。首信公司的宗旨是建设、运营首都公用信息平台，并提供相应的信息服务。它是依托于电信网、有线电视网、计算机互联网所组成的网络平台并在其上开发建设的，它是"数字北京"的重要组成部分。

3. 政府委托权威部门代理管理模式——曹妃甸模式

这是介于上海模式和北京模式之间的一种运行模式，其特点是政府投资建设城市信息基础设施，产权属于政府，由政府支配，而城市信息基础设施的运营和提供的相应服务，则依托于政府的信息资源权威部门代理。而曹妃甸政府正是选择了这种模式，由曹妃甸政府主导的，与河北城通网络集团合作成立的"唐山市曹妃甸国际生态城城通信息科技有限公司"代理管理。其任务有两个方面：第一，向政府所有相关部门提供无偿共享；第二，面向社会的数据产品销售、信息服务、应用系统开发与技术咨询等，所得用于城市信息基础设施的管理、维护与更新上。

4. 市场模式——厦门模式

这是"数字厦门"采用的模式，它参考国际惯例，在全国首创了数字城市的市场化运作方案，即以市场为导向，考虑数据信息和应用系统的生命周期，打破了以政府部门主导的，以计划方式运作的传统模式。厦门信息港公司为此专门成立了数据中心，运用市场化的手段将数字城市作为一个产业来做，并在数字城市产业化、市场化模式方面力求创新，主要包括数据产品销售、信息服务、应用系统开发与技术咨询等。

5.2.4　信息安全

信息作为一种城市资源具有普遍性、可处理性、多效用性、共享性和增值性等特点，它对于信息时代的城市具有特别重要的意义。信息安全的实质就是保护信息网络、信息系统和信息平台中的信息资源免受各种类型的干扰、威胁和破坏，即保证信息的安全性（图 5-7）。信息安全是数字城市实施成败的关键因素之一，信息安全与信息共享的关系问题必须得到恰当而有效的解决，否则会在很大程度上影响信息的公众化服务水平。

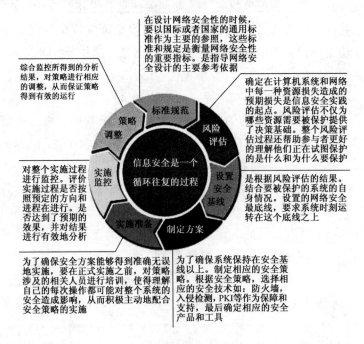

图 5-7　信息安全体系

来源：信息安全［EB/OL］. http://baike.baidu.com/view/17249.htm

2003 年 9 月中办、国办颁发《关于加强信息安全保障工作的意见》，这是我国第一个信息安全保障工作的纲领性文件。随后，国家连续出台了多项相关法规和政策，如《关于信息安全等级保护工作的实施意见》、《电子政务信息安全等级保护实施指南》、《信息安全等级保护管理办法》等（表 5-2）。在十六届四中全会之后，我国提出了增强国家安全意识，完善国家安全战略，有效防范和应对各种风险与挑战，确保国家的政治安全、经济安全、文化安全和信息安全的要求。

信息安全相关法规　　　　　　　　　表5-2

序号	名　　称	序号	名　　称
1	《信息安全等级保护管理办法》	7	《计算机信息系统国际联网保密管理规定》
2	《中华人民共和国计算机信息系统安全保护条例》	8	《电子认证服务密码管理办法》
3	《计算机病毒防治管理办法》	9	《中华人民共和国电子签名法》
4	《商用密码管理条例》	10	《电子政务保密管理指南》
5	《证券期货业信息安全保障管理暂行办法》	11	《信息安全产品测评认证管理办法》
6	《科学技术保密规定》	12	《联网单位安全员管理办法（试行）》

来源：中国评测网［EB/OL］. http：//www. cstc. org. cn/tabid/203/Default. aspx

　　基于国家层面的政策法规，数字城市应采用边界控制、分级保护的信息安全实施原则，即各个信息网络按部门隶属关系划分成若干逻辑独立的区域，每个区域内的信息系统由所有者在信息办的统一指导下按国家标准和行业规范建设符合自身安全等级要求的安全保护措施，每一个逻辑区域都必须建设一个网络边界设备，实现该区域与其他区域的安全隔离、访问控制和数据交换，同时在更上一层提供统一标准的安全保障措施（图5-8）。

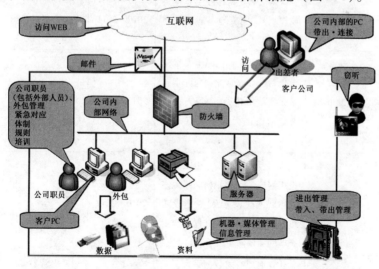

图5-8　信息安全措施

来源：信息安全［EB/OL］. http：//baike. baidu. com/view/17249. htm

5.3 数字城市的实施进度

根据数字城市实施的整体思路，依托其总体框架与内容、实施路径与模式等研究，初步规划数字城市重点项目实施的进度，以期能够及时跟进现实城市的建设步伐，并且保障数字城市循序渐进的顺利实施。

数字曹妃甸的实施进度规划用 2～5 年的时间，使数字城市平台初具规模，城市信息化达到先进水平（表5-3）。建成并使用包括基础通信设施和信息基础设施的基础设施层；建成包括五大服务支撑中心在内的资源管理层，保证对下屏蔽数据资源的分布和异构特性，对上向应用系统提供透明的、一致的编程接口和环境；以电子政务平台为切入点，整合并初步构建政府、企业、行业、市民类信息应用服务系统，大部分系统能够正常而有效地运行；城市信息资源的开发与利用水平明显提高，数字产业和信息服务业发展明显加快，并逐步成为新的经济增长点。

数字曹妃甸的实施进度规划　　　　　　　　表5-3

序号	名　称	内　容	时　间	备　注
1	数字曹妃甸整体实施规划	整体规划数字曹妃甸，细化实施内容，设计详细、可操作性强的实施方案，作为建设指导依据	2010～2011	政府管委会、城通投资建设
2	城市光网	依据《曹妃甸国际生态城建设规划》，完成地下通信管网铺设施工	2010～2011	城通投资建设
3	无线城市	依据《曹妃甸国际生态城建设规划》和《曹妃甸国际生态城无线城市建设方案》，完成曹妃甸新区无线接入点的全覆盖	2010～2011	城通投资建设、移动运营商
4	城市物联网管理中心	依据《曹妃甸国际生态城建设规划》和《曹妃甸国际生态城物联网建设方案》，建设城市物联网基础设施并保持与生态城的建设同步进行	2010～2011	数字城管、应急指挥、数字家庭、数字环保等系统的整体或部分归入本项目
5	地理空间数据	建立地理空间数据平台，完成曹妃甸城市空间数据库和信息中心建设	2010～2011	政府管委会，城市空间信息中心建设归入本项目

序号	名 称	内 容	时 间	备 注
6	信息资源中心	异地容灾备份中心、云计算平台、基础数据库	2010~2011	政府管委会，各大数据库建设
7	电子政务系统	完善曹妃甸电子政务服务平台	2010~2012	政府管委会，数字规划系统部分归入本项目建设
8	智能交通系统	建设智能公共设施、智能交通工程、交通诱导系统	2010~2012	曹妃甸城投，系统部分归入应急指挥系统项目建设
9	数字家庭系统	数字社区服务平台	2010~2012	房地产开发商、城通投资
10	信用信息中心	建设企业和个人征信服务的信用信息中心	2011~2012	企业和个人征信服务
11	安全认证中心	曹妃甸数字认证中心，作为北京/上海数字认证中心的分中心，为本地区提供安全认证服务	2012~2013	与北京/上海数字认证中心并轨
12	城市应急指挥系统	基于物联网的应急指挥平台	2011~2012	政府管委会，数字城管系统部分归入本项目
13	电子商务系统与现代物流系统	电子商务与现代物流公共信息服务平台	2011~2012	曹妃甸各企业
14	城市一卡通	完成覆盖社保、公共事业缴费、购物消费的曹妃甸一卡通工程	2010~2015	数字医疗、电子支付、安全认证等系统的部分功能归入本项目建设
15	城市公共信息亭	信息亭数量不少于200个，重点覆盖商业闹市区、交通中心、旅游景点和居民小区	2011~2012	曹妃甸城投
16	数字医疗	医疗单位共享信息系统建设、公共卫生信息系统建设、医院信息化建设、社区卫生服务信息系统	2012~2013	政府管委会、医疗行业

5.4 数字城市的运行模式

数字城市运行的目的是为了让数字城市更好地实施和完善，并不断拓展数字城市服务领域，为政府、企业、行业和公众提供数字化产品和服务，推动数字城市产业化发展。数字城市的运行过程可能面临缺乏统一规划和协调、资金短缺、产业化持续发展动力不足、无序竞争等问题，因此，宜采用"政府引导、企业运营、行业实践、公众参与"的模式，保障数字城市的可持续运行（图5-9）。

图5-9 数字城市的运行模式

5.4.1 资金投入机制

资金的投入将是数字城市实施的关键，缺乏必要的资金，数字城市的实施就是空中楼阁，无从谈起。数字城市需要大量的资金作为基础，包括前期基础设施的投入和日后运行的维护，全都需要持续的资金支持。因此，充足的资金投入和完善的机制是数字城市成功运行的保障。

5.4.1.1 政府财政投入

数字城市属于城市公共服务项目，其实施与发展不能仅着眼于项目自身的经济效益，而是要为城市的发展提供基础服务条件，促进城市各项事业的发展，增加城市的总体效益。这一特点决定了地方政府将是数字城市的主要投资方。但是，政府用于数字城市的投入非常有限，资金总量投入不足会制约数字城市的进一步发展。

市政府建立稳定的资金投入机制，每年拿出一部分资金作为数字城市的实施经费，完成基础数据库、信息资源服务中心的建设工作，使城市的数字化建设形成统一的整体。政府投资建设的基础工作主要包括公共信息服务平台、信息资源中心（包括八大数据资源库）和五大服务支撑体系等基础服务平台的建设，这些基础设施是共享和服务的基础和核心，涉及到各个部门的协调与共享，且经济效益和社会效益的显现具有长期性和公益性。

5.4.1.2 银行贷款投入

由于数字城市实施的周期较长，需要的资金较多，因此，仅靠国家和地方政府的财政投资是不够的。市政府可以通过向商业银行和政策性银行贷款融资来筹措数字城市实施的资金。鉴于国家法律规定地方政府不能直接向银行贷款，故而政府需要设立数字城市投资公司（政府独资或政府控股等）这个融资平台向银行贷款融资。

5.4.1.3 社会资金投入

积极引入市场机制，建立稳定的资金保障机制，实现投资主体的多元化和筹资手段的多样化，鼓励社会资金、国外资本通过合作、合资、独资等多种形式，参与数字城市的实施与运营。对于能够通过运营形成长期赢利的社会公共信息数字化项目，通过融入社会资金的形式完成资金投入。政府通过提供特许经营、适当的收费或者财政补贴等方式来保持项目相对稳定的收益，降低投资风险，提高项目的运营管理水平。

5.4.2 市场产业机制

数字城市的运行不能成为无源之水、无本之木。如果仅靠地方财政投入，势必造成实施过程缺乏连续性，以致无法完全实现数字城市的应用服务效果，同时，数字城市的高运行费用将给地方政府造成较大压力。因此，应使数字城市和现实城市经济社会发展紧密联系起来。

城市产业发展与城市经济发展密不可分，城市的第一产业需要逐步转变为第二和第三产业，这一过程可以与数字城市充分融合，对传统产业、新兴产业进行转型或升级。通过产业转型或升级以及数字城市应用系统的产业效益，吸引社会资金投入数字城市产业运营，形成数字城市的市场产业机制。

5.4.2.1 市场运营模式

数字城市是一个需要大量资金投入的项目，这既包括前期建设的资金投入，又包括后期项目运营资金，如设备的维护、城市数据生产和更新等。因此，实施过程中难度最大的问题就是资金的可持续保障问题。

数字信息的老化速度与城市的发展速度密切相关。从国内外的经验看，如果仅靠政府投资，数据更新缓慢，资源共享度无法得到保证，将形成"死库"现象，信息化的效用无法得到充分发挥。为此，可以探索一种新的模式——"政府主导、市场运营"模式，增加市场盈利收入，减少政府财政压力，实现社会多方共赢的新局面，最终实现数字城市的可持续发展。

对于数据信息资源，可以成立数字城市运营有限公司。针对城市服务的需求，组织开展数据的深加工，把信息产品推向市场，如遥感数据产品、旅游服务信息产品、交通诱导服务等，实现数据产品与信息服务的市场化。

总之，通过建立一种积极有效的市场运营机制，鼓励和吸引社会各方面（包括企业、个人的租用、购买、使用数字城市资源、产品、服务等）投资数字城市建设中，从而解决城市数字化运行中数据获取和更新经费来源的单一化问题，使数字曹妃甸按照可持续发展的模式运行。

5.4.2.2 数字产业体系

数字城市产业不仅能带来直接的经济和社会效益，而且能对众多领域实现辐射支持作用。数字城市产业链条很长，上下游关联产业较多，是潜在价值量巨大的产业体系。它主要由数据市场、平台市场和应用市场三部分组成（图5-10）：①

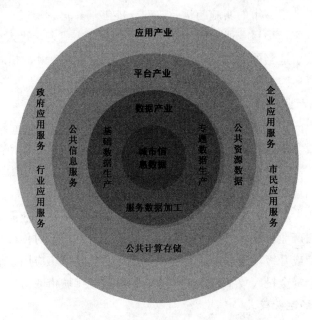

图5-10　数字城市的产业体系

1. 数据产业

数据产业是指基础数据、应用专题数据和服务数据的采集、生产、加工和处理而形成的产业。数字城市的基础是数据，尤其是空间数据。而现阶段的重点是加快建设、更新和完善1:2000、1:1000、1:500城市基础地理信息数据库，为城市的数字化奠定地理信息资源基础。数字城市应用专题数据面向不同部门的需求，如数字规划系统、数字城管系统、应急指挥系统等，提供专题数据支撑。数字城市服务数据面向城市决策、企业和公众的多元化需求。

2. 平台产业

平台是指数字城市公共平台，它是整个产业的基础支撑，能够带动整个产业链的提升。从技术层面来看，数字城市可以简单理解为由分散在大量不同部门、不同物理位置的信息系统和数据库组成，通过专用网、互联网、物联网等方式从信息通路上进行链接。如果系统之间、部门之间通过点对点的

————————————

① 仇保兴. 中国数字城市发展研究报告［M］. 北京：中国建筑工业出版社，2011。

方式建立联系，每个系统重复投资一些基础的、共性的功能，这无疑是一种资源的浪费。

通过采用信息总线（ESB）和平台即服务（PaaS）模式架构数字城市公共平台，就能实现全市统一规划、统一标准、统一技术、统一平台、统一运行，必将极大地提高数字城市的服务效果，降低成本，提高能力，规范建设，平滑扩展。数字城市公共平台通过统一的网络接入，统一的信息存储，统一的信息处理，统一的信息管理与服务，建立起公共的资源管理层，并通过城市公共资源的共享与交换、整理与挖掘，实现为各层面用户提供信息共享服务。

3. 应用产业

数字城市的应用产业主要针对其应用系统层面，根据其应用对象的不同，主要分为政府类应用产业、企业类应用产业、行业类应用产业和市民类应用产业（详见3.3节）。

数字城市的产业体系是典型的高新技术产业，是在不断应用先进技术解决各种城市问题的过程中发展起来的。它具有高新技术产业的一般特征，而且还拥有自身的一些特点：

1. 基础性和战略性

数字城市经营的主体是城市空间地理数据以及地方政府在管理城市过程中积累的部门业务数据和服务数据，这些数据都是一个城市基础性、战略性的核心资产。另一方面，数字城市实施的成果是城市信息基础设施，关系到城市健康发展战略目标的实现。因此，在产业化过程中需要制定严格的社会投资、市场准入、共享应用和商业开发制度，明确政府的主导地位。

2. 高投入性

数字城市产业属于知识、人才、资本密集型产业，无论是中前期的基础研究和技术研究，还是后期的产业开发，对三者的投入要求都明显高于一般的传统产业。

3. 高风险性

数字城市产业的形成和成长依赖于提供的产业环境，包括政策、市场、技术、人才等。政策是否保障，市场是否接受，技术是否成熟，资金能否到位，人才能否支撑等一系列的过程中，任何一个环节的缺失与不足都会损害整个数字城市产业链的发展，并带来风险性。

4. 高关联性

数字城市产业内部的各个子产业之间以及与其他产业之间都具有很强的关联性和渗透性，一旦进入快速成长期，就会迅速形成新的经济增长极，带动社会的全面发展。

5.4.3 人才培养机制

数字城市的实施与运行需要专业人才的研究、规划、管理与维护等，因此需要建立完善的人才培养机制，提供数字城市实施全阶段的智力支持。人才培养机制主要包括以下几项措施：①

1. 人才引进和培养政策

加强人才技术引进和培养力度，出台相关的人才保障政策、知识产权保护政策、鼓励开发与创新政策等，完善创新人才制度机制，引进、培养数字城市各个阶段的需求人才。完善创新知识产权保护、评估机制，促进技术创新、转移等，营造良好的人才技术环境。

2. 建立知识产权专家库和人才培养基地

为数字城市的实施与运行提供专家技术咨询，完善知识产权审判机制，建立数字城市知识产权保护体系。在大力扶持人才培养基地的基础上，从资金和政策上鼓励境内外企业、科研机构与高校，采用自主培养、联合培养等方式，建立数字城市科研机构、人才培养基地等，支持符合条件的企业、机构合作申请数字城市的科研项目。

3. 设立数字城市专项研究课题

建立数字城市高新技术产业园区、留学生创业园和企业博士后工作站等，鼓励组织企业、科研机构和高校参与，建立"产学研用"的一贯体系，联合创新，技术支撑，加大对重大社会效益的科研成果的奖励力度。

4. 企业人才机制

利用企业数字城市人才技术力量，参与数字城市的运营。参与数字城市专项研究课题，开展企业自主、联合科研等，积极进行数字城市技术创新、模式创新、技术成果转化等，培养员工的能力和素质。

5. 公众人才机制

通过应聘、实习等方式进入并参与数字城市运行的政府部门、企事业单位、科研机构等，服务于数字城市的实施与运行。

5.5 数字城市的测度评价体系

数字城市的实施与运行是一个复杂的过程。测度评价体系的建立将对数字城市的实施与运行产生重要的指导作用。目前，现有的城市信息化评估指标体系主要集中在网络、资源等要素的基础指标，对于数字城市测度的整体

---

① 仇保兴. 中国数字城市发展研究报告［M］. 北京：中国建筑工业出版社，2011。

性和全面性考虑不足。本节将结合数字城市测度理论，试图构建数字城市实施与运行的测度评价体系，以期全面、综合地考察与评价数字城市的运行效果（图 5-11、表 5-4）。

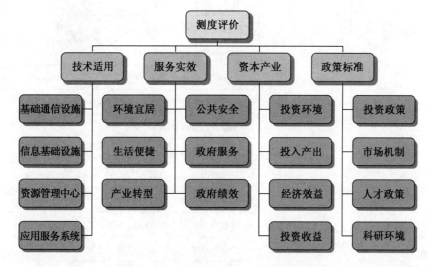

图 5-11　数字城市的测度评价体系构成

数字城市的测度评价指标　　　　　　　　　　　表 5-4

大　类	小　类	指　　标
技术适用 （0.2）	基础通信设施 （0.2）	光纤覆盖率
		无线网络覆盖率
		三网融合覆盖率
		光纤入户普及率
		互联网用户普及率
		人均网络域名数量
		数字电视普及率
		终端用户体验指数
	信息基础设施 （0.2）	基础地理空间数据指数
		专业数据指数
		法人单位数据库指数
		人口基础数据库指数
		宏观经济数据库指数

大　类	小　类	指　　标
技术适用 (0.2)	信息基础设施 (0.2)	自然资源数据库指数
		空间地理数据库指数
		城市基础设施数据库指数
		企业信息数据库指数
		政策法规数据库指数
		分布式数据库指数
		元数据库指数
		云计算存储能力指数
	资源管理中心 (0.3)	信息资源中心支撑能力指数
		城市空间信息中心支撑能力指数
		电子支付中心支撑能力指数
		信用信息中心支撑能力指数
		安全认证中心支撑能力指数
		云服务能力指数
	应用服务系统 (0.3)	电子政务系统数字化指数
		应急指挥系统数字化指数
		数字城管系统数字化指数
		智能交通系统数字化指数
		数字环保系统数字化指数
		数字规划系统数字化指数
		数字医疗系统数字化指数
		电子商务系统数字化指数
		现代物流系统数字化指数
		数字家庭系统数字化指数
		城市一卡通系统数字化指数
		城市信息亭系统数字化指数
服务实效 (0.3)	环境宜居 (0.2)	城市人口密度
		居住区容积率

大　类	小　类	指　　　标
服务实效 （0.3）	环境宜居 （0.2）	城市绿地覆盖率
		人均公共绿地率
		绿色建筑覆盖率
		民用建筑单位面积能耗比
		居住区数字化指数
		数字家庭普及率
		空气质量达标率
		饮用水达标率
		户外噪声达标率
		城市环保监测能力
		生活污水处理能力
		生活垃圾处理能力
		环保公交车辆普及率
		公众参与规划程度
		资源回收利用率
		可再生能源利用率
	公共安全 （0.2）	公共安全防控指数
		安全应急指挥能力
		公共卫生医疗覆盖率
		交通安全指数
		市政基础设施安全指数
		城市防灾减灾能力
	生活便捷 （0.2）	数字家庭普及率
		城市一卡通普及率
		城市信息亭覆盖率
		数字医疗普及率
		智能交通普及率
		电子商务普及率

大　类	小　类	指　　标
服务实效 (0.3)	生活便捷 (0.2)	城市物流普及率
		电子政务普及率
		应急指挥普及率
		数字规划参与度
		数字环保参与度
		数字城管参与度
	政府服务 (0.1)	政府门户网站群指数
		政务信息公开指数
		网上行政审批服务指数
		部门内部办公自动化指数
		部门之间办公自动化指数
		网上政务电视会议普及率
		政务协同办公指数
		网络电子监察指数
		群众监督综合处理指数
	产业转型 (0.2)	企业电子商务普及率
		企业现代物流普及率
		低碳产业运行指数
		循环经济运行指数
	政府绩效 (0.1)	政策法规完备指数
		政策法规执行指数
		数字城市共享服务指数
		数字城市公众认可指数
		数字城市持续投入指数
资本产业 (0.3)	投资环境 (0.3)	数字城市产业投资占 GDP 的比重
		政府信息支出占政府支出的比重
		电子商务投资占 GDP 的比重
		居民人均收入水平

大　类	小　类	指　　标
资本产业 （0.3）	投资环境 （0.3）	居民人均储蓄余额
		财政支出情况
		民间资本情况
		环境质量信息化投资占 GDP 的比重
		节能减排信息化投资占 GDP 的比重
	投入产出 （0.3）	数字城市产业产值
		第三产业产值
		信息建筑业产值
		电子商务交易额
		知识密集型产业产值
		节能型产值
		环境质量型产值
	经济效益 （0.2）	数字城市产业产值占 GDP 的比重
		第三产业占 GDP 的比重
		电子商务交易额占 GDP 的比重
		信用卡交易额占 GDP 的比重
		能源产出率
		节能产值占 GDP 的比重
		环境质量产值占 GDP 的比重
	投资收益 （0.2）	投资收益占 GDP 的比重
政策标准 （0.2）	投资政策 （0.3）	知识产权保护度
		政策法规的落实度
		组织机构的健全度
		行业规范与标准的普及度
	市场机制 （0.3）	市场化程度指数
		产业链完备指数

大　类	小　类	指　标
政策标准 （0.2）	人才政策 （0.2）	大学生比例
		信息产业人员比例
		政府、行业类信息技术人员比例
		教育经费占 GDP 比例
		人均教育经费
	科研环境 （0.2）	科研人员比例
		科研经费占 GDP 比例
		科技成果转化率
		科技进步贡献率

　　测度评价体系的指标权重是一个相对的概念，是指该指标在整体评价体系中的相对重要程度。权重具有导向作用，只有合理分配，才能使测度评价体系科学可靠。数字城市测度评价体系的指标权重将主要采用 Delphi 法和 AHP 法：[①]

　　1. Delphi 法

　　德尔菲法也称为专家调查法。即聘请有关专家对测度评价体系指标进行深入研究，由每位专家先独立地对指标设置权重，然后对每个指标的权重取平均值，作为最终权重。它是在定量和定性分析的基础上，以打分等方式作出的定量评价，其结果具有广泛的代表性，较为可靠。

　　2. AHP 法

　　AHP 法即层次分析法。它将测度评价体系分解成多个层次，通过两两比较下层元素对于上层元素的相对重要性，将人的主观判断用数量形式表达和处理以求得测度评价指标的权重。层次分析法的精度较高，实现了定量与定性相结合，能准确地确定测度评价指标的权重，因而使其间相对重要性得到科学的体现。

　　测度评价指标权重体系 $\{V_i \mid i = 1, 2, \cdots n\}$，必须满足下述两个条件：

---

　　① MBA 智库百科. 权重［EM/OL］. http：//wiki. mbalib. com/wiki/% E6% 9D% 83% E9% 87% 8D。

1) $0 < V_i \leqslant 1$; $i = 1, 2, \cdots, n$。

2) 其中 n 是权重指标的个数。

$$\sum_{i=1}^{n} V_j = 1$$

一级指标和二级指标权重的确定：

设某一评价的一级指标体系为 $\{W_i \mid i = 1, 2, \cdots, n\}$，其对应的权重体系为 $\{V_i \mid i = 1, 2, \cdots, n\}$，则有：

1) $0 < V_i \leqslant 1$; $i = 1, 2, \cdots, n$。

2) $\sum_{i=1}^{n} V_j = 1$

如果该评价的二级指标体系为 $\{W_{ij} \mid i = 1, 2, \cdots, n, j = 1, 2, \cdots, m\}$，则其对应的权重体系 $\{V_{ij} \mid i = 1, 2, \cdots, n, j = 1, 2, \cdots, m\}$，应满足：

1) $0 < V_{ij} \leqslant 1$。

2) $\sum_{i=1}^{n} V_j = 1$

3) $\sum_{i=1}^{n} \sum_{j=1}^{m} V_i V_{ij} = 1$

5.6 本章小结

本章重点研究"数字城市的实施路径与模式"，通过数字城市的实施模式、实施路线、实施进度、运行模式和测度评价体系等内容的研究，对数字城市的实施过程提供全方位的保障（图 5-12）。

首先，分析国际数字城市的主要实施模式，并且结合数字曹妃甸的现实条件和地域特色，提出一种新的互动实施模式；其次，研究数字城市的实施路线，从集约环保、规范管理、共享服务、信息安全 4 个层面展开；再次，根据数字城市实施的整体思路，初步规划其实施的进度，能够及时跟进现实城市的建设步伐；再次，研究数字城市的运行模式，针对运行过程可能面临缺乏统一规划和协调，资金短缺，产业化持续发展动力不足，无序竞争等问题，提出"政府引导、企业运营、行业实践、公众参与"的模式，保障数字城市的可持续运行；最后，结合数字城市测度理论，构建数字城市实施与运行的测度评价体系，以期全面、综合地考察数字城市运行效果。

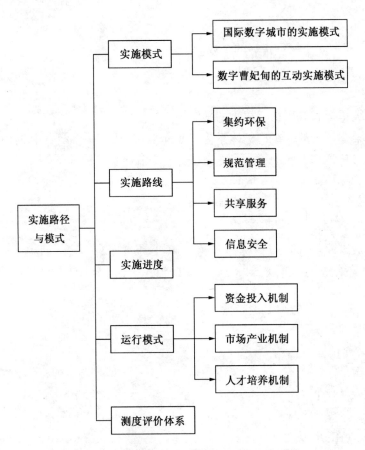

图 5-12　数字城市实施路径与模式的框架结构

第6章 结语与展望

数字城市是工业时代向信息时代转变的一个基本标志，是人类社会发展和前进的历史阶段。它既有政府管理、政府服务和政府决策的社会管理发展，也有生产方式、生活方式和文化方式的经济文化变革。其目的在于应用（服务），本质是（资源）共享，即通过信息化应用与共享提升城市的"智慧化"程度，提高城市的生活质量，促进经济社会环境的全面发展与变革，实现城市的可持续发展。

数字城市的实施要根据自身的现实条件和地域特色，因地制宜地进行科学实践。通过信息技术的利用和应用服务系统的普及，实现城市经济结构的转变，带动城市经济、文化、社会的全面进步；通过信息资源的开发与共享，促进城市现代服务功能的完善，推动市民生活质量水平的提高，加速实现城市现代化的步伐；通过现实城市的虚拟化、数字化的操作与管理，提升城市运行的高效性和管理决策的科学性，形成低碳、生态、可持续的产业经济结构和城市发展模式。

随着信息社会的深入发展，城市的发展阶段将从数字城市逐渐走向智慧城市的新高度。虽然这个建设周期较长，投资较大，但是后期收益显著。据世界银行测算，一个百万人口的智慧城市，当实际应用程度达到75%时，其GDP在投入不变的情况下就能增加3.5倍，这将实现城市整体运行成本的最小化（牛文元，2010）。智慧城市将是一个逐渐深入、拓展、优化和成熟的过程。此时衡量城市竞争力的标准将不仅

图6-1 智慧城市核心特征

来源：智慧城市的概念与核心特征［EB/OL］. http：//info. ec. hc360. com/2011/09/061559491686. shtml

171

是 GDP,更是城市设施数字化、城市信息网络化、城市运行智慧化的比较,智慧城市将是每个城市在全球市场竞争中获胜的必要手段(图6-1~图6-3)。

图 6-2　智慧城市模型

来源：智慧让城市腾飞［EB/OL］. http：//wenku. baidu.
com/view/bfa0f0e59b89680203d8253e. html

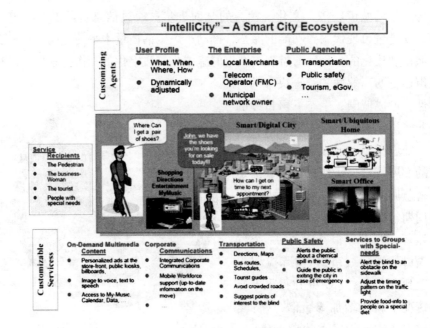

图 6-3　智慧城市服务系统

来源：Gregory S. Yovanof，George N. Hazapis. An Architectural Framework and
Enabling Wireless Technologies for Digital Cities & Intelligent Urban Environments［J］.
Wireless Pers Commun, 2009（49）：445-463

6.1　数字城市对城市发展的提升

信息时代城市的发展方向将是数字城市与现实城市的整合与共生。数字城市是现实城市的虚拟对照体，始终伴随着现实城市的脚步发展，而现实城市也离不开数字城市的带动效应。这符合中国传统哲学思维体系，恰如阴阳之理，"一阴一阳之谓道"。现实城市代表着城市的现时发展，是为阳；数字城市代表着城市的虚拟表现，是为阴。只有阴阳互补、和谐共生，城市整体才能在二者的协调发展中前进（图6-4）。

图6-4　现实城市与数字城市的互动互补

数字城市既能再现和反映现实城市，又能通过与现实城市的互动，超越和提升现实城市。对于曹妃甸现实城市的建设，需要从环境生态、经济生态和社会生态三个方面综合考虑。而对于曹妃甸数字城市的建设，需要从信息利用、信息共享和信息服务三个角度统筹，以数字化特征为基础进行城市建设。在建设生态城市和数字城市的"共生"理念指导下，曹妃甸的城市建设与发展模式逐渐清晰起来。

6.1.1　城市产业区

现在的城市产业发展模式带来了资源能源的高消耗、污染物和温室气体的高排放，导致发展与环境的矛盾凸显。曹妃甸将按照低碳经济的理念，建设高效、节能、环保和生态型的循环经济示范区，开创中国重化工产业发展的新模式。用数字化手段与信息服务对传统工业模式进行升级、改造，通过数字城市平台实现其可持续发展的目标。

6.1.2　城市新城区

按照环境、经济与社会可持续发展的模式，从经济发展、文化塑造、产业选择、土地利用、交通组织、低碳减排和循环能源利用等方面，打造真正适宜人们居住的城市环境，建设一座名副其实的生态城市。新城区融入信息时代特征，建立完善的信息基础设施，构建数字曹妃甸服务平台，营造信息时代的人性化生活空间。

6.1.3　城市生态环境

随着数字化时代的拓展，人们的工作压力和劳动强度将逐渐减轻，休闲旅游需求开始增多。曹妃甸独具特色的河、湖、海、岛将成为强大的磁场

（图6-5），它无时无刻不在吸引着渴望便利化、智慧化生活的人们，渴望远离喧嚣纷扰都市的人们，渴望体验生态的人们，渴望回归自然环境的人们，渴望呼吸天然氧气的人们……

图6-5　曹妃甸生态环境

6.2　数字城市对市民生活的改善

21世纪全球化、信息化和可持续发展三股潮流席卷全球，尤其是知识经济和信息社会正以令人难以置信的速度改变着我们的生活方式、生产方式、交际方式、休闲方式和社会结构，改变着承载我们的城市和乡村。城市的形态与布局更加紧凑化、网络化，人们的生活、休闲、工作更加紧密化、一体化（图6-6）。曹妃甸能否抓住这个战略机遇，站在时代巨人的肩膀上，走上一条具有革命性的，以信息化为主导的，以人的幸福生活为本的新的发展道路，数字曹妃甸将成为至关重要的条件。

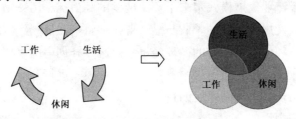

图6-6　数字城市的生活模式

6.2.1　生活环境智慧化

在数字化的曹妃甸国际生态城中，智能化的综合网络将遍布城市的每一个角落，电视、电话、电脑等各种信息终端设备将无处不在，无论何时、何地人们都能获得各种信息服务。人们新的生活方式将迅速形成，身临其境感知天下，足不出户远程办公，人机互动休闲娱乐都变得简单而轻松，市民们将生活在一个被各种信息资源所包围的更加平等、自由、安全、舒适、温馨、便利的智慧化环境中。

6.2.2 居民幸福感增强

数字化、网络化的曹妃甸国际生态城改变了人们传统的时间与空间概念，形成了功能更加复合的城市空间。它将会改变人们钟摆式的工作、生活、购物的简单模式，呈现为一种混合式的、立体式的生活模式；它将会改变人们的消费模式，即货物消费减少，服务消费增加，个人大宗购物减少，多人共享服务增加；它将会减少市民单一的往复交通，提高人们的生命效率，增加社会的和谐程度，增强居民的生活幸福感。

6.2.3 社会人性化显著

在数字化的曹妃甸国际生态城中，信息的自由流动将会打破原有的政府和民众之间，企业和民众之间，民众和民众之间的信息不对称。数字曹妃甸将把人们带入大众觉醒时代，社会生活更加人性化，实现真正的"以人为本"。在这里的每个人都将平等地享受着公民的基本权利，这里将是一个全新的公平、公正、公开的环境，这里将是一座回归生活服务本质的数字城市"伊托邦"……

6.3 数字城市可能产生的负面影响

事物的发展总是具有正反两面性的，同样数字曹妃甸也不例外。数字城市是一把双刃剑，它在给城市经济社会带来巨大发展的同时，也会产生一些负面影响。为了避免在后期建设中产生不必要的麻烦，我们在数字城市实施的初期一定要有一个清醒的认识。在具体建设中，如何扬长避短，减少负面影响，这是数字城市不可忽视的一个重要方面。

6.3.1 数字鸿沟问题

无论是城市与城市之间，还是同一个城市中的地区与地区之间，企业与企业之间，都会由于信息化水平发展的不均衡，导致有的发展速度快，信息化程度高，而有的则发展缓慢，信息化水平低，结果出现了各种"数字鸿沟"问题。即一部分发展速度快的城市、地区或企业的信息化程度高，信息流动速度快，信息共享率高，信息基础设施完善，数字应用系统全面等；而另一部分发展速度慢的城市、地区或企业则相反，于是在他们之间就产生了"数字鸿沟"或"数字分化"问题。

6.3.2 城市边缘化问题

2001年诺贝尔经济学奖获得者斯蒂格利茨的理论指出："信息的不对称"是通过"经济的不对称"而影响城市发展的。由于"信息的不对称"将导致部分城市、地区或企业被"边缘化"，进而造成"经济的不对称"，即由"信息贫瘠"成为"经济贫瘠"，随之出现"富者更富"，"贫者更贫"的结果；由于"信息的不对称"将使每个落后的城市都面临着被"边缘化"的危机，进而导致城市经济发展的不对称，并逐渐沦落为"边缘城市"。这一结果又造成了新的社会分化问题，即"城市边缘化"导致"经济边缘化"、"发展边缘化"。

6.3.3　数字污染问题

除了工业社会出现的大气污染、水污染、土壤污染、噪声污染之外，数字化城市会产生新的"数字污染"问题，即电磁辐射污染、废弃设备污染等。在数字城市中，电子设备和产品比工业社会更多，因此而产生的电子辐射污染更多，会对人们的身体健康造成不同程度的影响。

如计算机、移动电话等各种终端设备会产生电磁辐射污染，长期操作或使用它的人群会出现头晕、头疼、失眠等症状；长期处于电视台、广播台工作环境的人群会出现脱发、记忆衰退、皮肤病变等症状；各种废弃的电子设备，都可能造成土壤的污染和水污染……

附录 1 北京宣言

我们来自 20 个国家的 500 多位科学家、工程师、教育家、管理专家以及企业家，汇聚历史名城北京，于 1999 年 11 月 29 日至 12 月 2 日参加了由中国科学院主办、19 个部门和组织共办的首届"数字地球国际会议"。全体与会代表认为，在即将进入新的千禧年之际，人类仍然面临着人口快速增长、环境恶化以及自然资源匮乏等方面的严峻挑战，这些问题仍然威胁着全球可持续发展。

我们注意到二十世纪全球的发展，是以科学技术的辉煌成就对经济增长和人类生活的巨大贡献为特征。新世纪将是一个以信息和空间技术为支撑的全球知识经济的时代。

我们高度评价美国副总统戈尔"数字地球·21 世纪认识我们这颗星球的方式"的讲演和中华人民共和国主席江泽民纵论世界社会、经济、科学技术发展趋势时有关数字地球的论述。

我们认识到，在"联合国环境与发展大会"、"21 世纪议程"所作的决定中，以及和三届联合国外层空间会议和"关于空间和人类发展"的维也纳宣言中，除其他要旨外，一致强调综合的全球对地观测战略、建立全球空间数据基础设施、地理信息系统、全球导航与定位系统、地球空间信息基础设施及动态过程建模的重要性。

我们认识到数字地球有助于回应人类在社会、经济、文化、组织、科学、教育、技术等方面面临的挑战，它让人类洞察地球上的任何一个角落，获得相关信息，帮助人们认识在邻里、国家、乃至全球范围内影响人们生活的社会、经济和环境等问题。

我们建议政府部门、科学技术界、教育界、企业界以及各种区域性与国际性组织，共同推动数字地球的发展。

我们建议在实施数字地球的过程中，应优先考虑解决环境保护、灾害治理、自然资源保护、经济与社会可持续发展，以及提高人类生活质量等方面的问题。

我们进一步建议，数字地球亦应为解决全球问题和地球系统的科学研究、开发与探索有所贡献。

我们强调数字地球对实现全球可持续发展的重要性。

我们呼吁在如下方面给予足够的投资和强有力的支持：科学研究与技术开发、教育与培训、能力建设、信息与技术基础设施；特别强调在全球系统观测以及建模、通信网络、数据仓库开发、地球空间数据互操作等方面的投资和支持。

我们进一步呼吁政府、公有以及私人部门、非政府组织、国际组织之间的密切合作，以确保发达经济体和发展中经济体之间平等地从数字地球的发展中获益。

全体与会代表一致同意，把在北京举行的首届"数字地球国际会议"继续坚持下去，每两年举行一次，由有关国家或组织轮流举办。

附录2 上海宣言

"亚太地区城市信息化高级论坛"的第一次会议，于2000年6月5日至7日于中国上海召开。会议的主题为"推动城市信息化，共创未来新家园"。会议由联合国经济与社会事务部（UNDESA）及联合国开发计划署（UN-DP）官员、亚太地区的城市市长及信息技术主管、国际著名企业家、知名信息技术专家、学者等参加。会议取得了多项成果，与会者一致发表宣言如下：

论坛的宗旨：

1. "亚太地区城市信息化高级论坛"的宗旨为：围绕亚太地区城市信息化的发展和合作，为亚太地区城市信息化政策制定者和决策者，提供一个交流见识与战略计划，以及信息产业发展和信息技术应用等方面经验的平台，从而增强相互间的了解，加强合作，促进与会城市（或地区）经济和社会的发展，进一步缩小亚太地区城市在信息化程度、公民获取信息的能力等方面的不平衡，共同推动亚太地区信息产业的发展，提高城市信息化的水平。本宣言积极响应"联合国第54届大会231号决议"的内容。

城市发展的新动力：

2. 当今世界，经济全球化和信息化已成为人类社会发展的总趋势。信息化程度和水平已成为衡量一个城市经济社会发展综合实力和文明程度的重要标志。信息化正在成为全球贸易、投资、资本流动和技术转移以及社会、经济、文化等一切领域发展的重要推动力。信息化建设将有利于促进人类的共同富裕和共同进步。

3. 当今世界各地区之间的发展很不平衡，而且发展差距正不断增大，特别是发展中国家和地区的信息化建设任重道远。信息化为消除发展不平衡，加强交流与合作提供了空前有效的途径，为世界经济的发展和人类生活水平的提高提供了空前的新机遇。

4. 现代城市不仅是其所在区域的物质、能源、资金、人才以及市场的高度集中点，更是各种信息产生、交流、释放和传递的高度聚合点。现代城市在区域经济和社会发展中发挥着极为重要的作用，是人类信息化发展的首要目标。城市信息化不仅致力于发展自身的信息产业，更是利用信息技术及相关活动改造和发展包括社会、经济、文化等一切领域，以极大地促进城市对信息的产生、交流、释放和传递的有序化、高效化，提高城市经济和社会活动的综合竞争能力，最终产生"聚合"和"辐射"效应。

5. 发展城市信息化将极大地促进各领域信息化的最终实现，对于消除区域内和区域间的发展不平衡具有至关重要的作用。加强对城市信息化的理解，推动城市信息化建设与合作，将成为城市发展的新主题和新动力。

6. 城市政府作为城市信息化的推动者以及政策法规的制定者、监督者，将在形成协调的驱动力量，促进城市信息化健康发展，加强统筹规划，建立有序的平等竞争环境，提高公民获取知识与信息的能力等各个方面发挥更加积极的作用。

合作原则：

7. 以自愿参加为原则，建立亚太地区城市信息化高级论坛合作委员会（RCCHFCI）。我们赞成宣言附件中的亚太地区城市信息化高级论坛合作委员会章程。

8. 亚太地区各城市在城市信息化发展中既有共同的地域特征，又有各自的特色，存在着广泛的合作基础。因此我们将本着"独立自主、平等自愿、互利互惠、多方共赢"的原则开展合作。共同为减少壁垒，加强互利，缩小信息化发展不平衡，实现共同发展而努力。

9. 建立城市信息化程度的标准评价体系。通过评价标准，定期对各城市在推进城市信息化过程中的优势和不足进行比较，为缩小差距，共同发展提供依据，促进城市信息化建设。

10. 在城市信息化合作过程中，我们将以积极、务实的态度，面对共同的信息交换渠道可能出现的新问题、新挑战。努力维护整个亚太地区的信息安全，尊重各城市独立发展自己的安全防护系统的自由，并尊重国际上的有关协议、条约和知识产权，按国际惯例协商解决可能出现的问题。

协同发展：

11. 我们一致同意以亚太地区城市信息化高级论坛的形式，加强城市信息化交流与合作。其中包括：

城市信息化的发展趋势和发展战略、公共服务领域的信息化建设、信息基础设施建设、电子政府、电子商务等多方面。

城市信息产业政策、信息化的竞争与反垄断政策、信息化的技术政策、信息化的开放政策，以及可能出现的立法、税收、道德等多方面问题。

城市信息产业的发展结构、投资机制、政府政策对信息产业的推动作信息产业的发展规律，以及信息产业内的可持续发展等各方感兴趣的领域。

合作决议：

12. 鉴于"亚太地区城市信息化高级论坛"意义重大而深远，我们一致同意持续性地按年度定期召开这个会议，以不断促进区域合作目标的实现。

13. 推选上海市作为第一届亚太地区城市信息化高级论坛合作委员会主席单位。

14. 设立亚太地区城市信息化高级论坛合作委员会办公室，在"亚太地区城市信息化高级论坛"休会期间，负责开展以城市信息化为主题的各种会议、培训、宣传和展览的组织、协调工作；负责建立与会各城市之间交流、联系的网络；负责促进下次会议的筹备工作；负责促进与会各城市间合作项目的开展。亚太地区城市信息化高级论坛委员会办公室将接受联合国经济与社会事务部和联合国开发计划署的技术支持。

15. 亚太地区城市信息化高级论坛委员会办公室将同时作为联合国公共行政全球网络（UNPAN）的亚太区域中心，促进本地区各城市在政府、公共行政和公共服务的发展和现代化方面的信息共享和合作。

16. 成立以城市信息化建设与合作为主题的专家顾问团，定期开展学术交流。

感谢：

17. 参加本次论坛的与会城市的市长和代表，衷心感谢上海市人民政府、中国信息产业部和中国科学院为促成本次会议所作出的不懈努力，感谢联合国和联合国开发计划署的大力支持。

附录3 2006—2020年国家中长期科学和技术发展规划纲要（信息产业及现代服务业部分）

发展信息产业和现代服务业是推进新型工业化的关键。国民经济与社会信息化和现代服务业的迅猛发展，对信息技术发展提出了更高的要求。

发展思路：

（1）突破制约信息产业发展的核心技术，掌握集成电路及关键元器件、大型软件、高性能计算、宽带无线移动通信、下一代网络等核心技术，提高自主开发能力和整体技术水平。

（2）加强信息技术产品的集成创新，提高设计制造水平，重点解决信息技术产品的可扩展性、易用性和低成本问题，培育新技术和新业务，提高信息产业竞争力。

（3）以应用需求为导向，重视和加强集成创新，开发支撑和带动现代服务业发展的技术和关键产品，促进传统产业的改造和技术升级。

（4）以发展高可信网络为重点，开发网络信息安全技术及相关产品，建立信息安全技术保障体系，具备防范各种信息安全突发事件的技术能力。

优先主题：

（1）现代服务业信息支撑技术及大型应用软件

重点研究开发金融、物流、网络教育、传媒、医疗、旅游、电子政务和电子商务等现代服务业领域发展所需的高可信网络软件平台及大型应用支撑软件、中间件、嵌入式软件、网格计算平台与基础设施，软件系统集成等关键技术，提供整体解决方案。

（2）下一代网络关键技术与服务

重点开发高性能的核心网络设备与传输设备、接入设备，以及在可扩展、安全、移动、服务质量、运营管理等方面的关键技术，建立可信的网络管理体系，开发智能终端和家庭网络等设备和系统，支持多媒体、网络计算等宽带、安全、泛在的多种新业务与应用。

（3）高效能可信计算机

重点开发具有先进概念的计算方法和理论，发展以新概念为基础的、具有每秒千万亿次以上浮点运算能力和高效可信的超级计算机系统、新一代服务器系统，开发新体系结构、海量存储、系统容错等关键技术。

（4）传感器网络及智能信息处理

重点开发多种新型传感器及先进条码自动识别、射频标签、基于多种传感信息的智能化信息处理技术，发展低成本的传感器网络和实时信息处理系统，提供更方便、功能更强大的信息服务平台和环境。

（5）数字媒体内容平台

重点开发面向文化娱乐消费市场和广播电视事业，以视、音频信息服务为主体的数字媒体内容处理关键技术，开发易于交互和交换、具有版权保护功能和便于管理的现代传媒信息综合内容平台。

（6）高清晰度大屏幕平板显示

重点发展高清晰度大屏幕显示产品，开发有机发光显示、场致发射显示、激光显示等各种平板和投影显示技术，建立平板显示材料与器件产业链。

（7）面向核心应用的信息安全

重点研究开发国家基础信息网络和重要信息系统中的安全保障技术，开发复杂大系统下的网络生存、主动实时防护、安全存储、网络病毒防范、恶意攻击防范、网络信任体系与新的密码技术等。

附录4　2006—2020年国家信息化发展战略

中共中央办公厅、国务院办公厅于2006年5月8日印发了《2006—2020年国家信息化发展战略》，并发出通知要求各地区各部门结合实际，认真贯彻落实。报告全文如下：

信息化是当今世界发展的大趋势，是推动经济社会变革的重要力量。大力推进信息化，是覆盖我国现代化建设全局的战略举措，是贯彻落实科学发展观、全面建设小康社会、构建社会主义和谐社会和建设创新型国家的迫切需要和必然选择。

一、全球信息化发展的基本趋势

信息化是充分利用信息技术，开发利用信息资源，促进信息交流和知识共享，提高经济增长质量，推动经济社会发展转型的历史进程。20世纪90年代以来，信息技术不断创新，信息产业持续发展，信息网络广泛普及，信息化成为全球经济社会发展的显著特征，并逐步向一场全方位的社会变革演进。进入21世纪，信息化对经济社会发展的影响更加深刻。广泛应用、高度渗透的信息技术正孕育着新的重大突破。信息资源日益成为重要生产要素、无形资产和社会财富。信息网络更加普及并日趋融合。信息化与经济全球化相互交织，推动着全球产业分工深化和经济结构调整，重塑着全球经济竞争格局。互联网加剧了各种思想文化的相互激荡，成为信息传播和知识扩散的新载体。电子政务在提高行政效率、改善政府效能、扩大民主参与等方面的作用日益显著。信息安全的重要性与日俱增，成为各国面临的共同挑战。信息化使现代战争形态发生重大变化，是世界新军事变革的核心内容。全球数字鸿沟呈现扩大趋势，发展失衡现象日趋严重。发达国家信息化发展目标更加清晰，正在出现向信息社会转型的趋向；越来越多的发展中国家主动迎接信息化发展带来的新机遇，力争跟上时代潮流。全球信息化正在引发当今世界的深刻变革，重塑世界政治、经济、社会、文化和军事发展的新格局。加快信息化发展，已经成为世界各国的共同选择。

二、我国信息化发展的基本形势

（一）信息化发展的进展情况

党中央、国务院一直高度重视信息化工作。20世纪90年代，相继启动了以金关、金卡和金税为代表的重大信息化应用工程；1997年，召开了全国信息化工作会议；党的十五届五中全会把信息化提到了国家战略的高度；党的十六大进一步作出了以信息化带动工业化、以工业化促进信息化、走新型工业化道路的战略部署；党的十六届五中全会再一次强调，推进国民经济和社会信息化，加快转变经济增长方式。"十五"期间，国家信息化领导小组对信息化发展重点进行了全面部署，作出了推行电子政务、振兴软件产业、加强信息安全保障、加强信息资源开发利用、加快发展电子商务等一系列重要决策。各地区各部门从实际出发，认真贯彻落实，不断开拓进取，我国信息化建设取得了可喜的进展。

——信息网络实现跨越式发展，成为支撑经济社会发展重要的基础设施。电话用户、网络规模已经位居世界第一，互联网用户和宽带接入用户均位居世界第二，广播电视网络基本覆盖了全国的行政村。

——信息产业持续快速发展，对经济增长贡献度稳步上升。2005年，信息产业增加值占国内生产总值的比重达到7.2%，对经济增长的贡献度达到16.6%。电子信息产品制造业出口额占出口总额的比重已超过30%。掌握了一批具有自主知识产权的关键技术。部分骨干企业的国际竞争力不断增强。

——信息技术在国民经济和社会各领域的应用效果日渐显著。农业信息服务体系不断完善。应用信息技术改造传统产业不断取得新的进展，能源、交通运输、冶金、机械和化工等行业的信息化水平逐步提高。传统服务业转型步伐加快，信息服务业蓬勃兴起。金融信息化推进了金融服务创新，现代化金融服务体系初步形成。电子商务发展势头良好，科技、教育、文化、医疗卫生、社会保障、环境保护等领域信息化步伐明显加快。

——电子政务稳步展开，成为转变政府职能、提高行政效率、推进政务公开的有效手段。各级政务部门利用信息技术，扩大信息公开，促进信息资源共享，推进政务协同，提高了行政效率，改善了公共服务，有效推动了政府职能转变。金关、金卡、金税等工程成效显著，金盾、金审等工程进展顺利。

——信息资源开发利用取得重要进展。基础信息资源建设工作开始起步，互联网上中文信息比重稳步上升，信息资源开发利用水平不断提高。

——信息安全保障工作逐步加强。制定并实施了国家信息安全战略，初步建立了信息安全管理体制和工作机制。基础信息网络和重要信息系统的安全防护水平明显提高，互联网信息安全管理进一步加强。

——国防和军队信息化建设全面展开。国防和军队信息化取得重要进展，组织实施了一批军事信息系统重点工程，军事信息基础设施建设取得长足进步，主战武器系统信息技术含量不断提高，作战信息保障能力显著增强。

——信息化基础工作进一步改善。信息化法制建设持续推进，信息技术标准化工作逐步加强，信息化培训工作得到高度重视，信息化人才队伍不断壮大。

我国信息化发展的基本经验是：坚持站在国家战略高度，把信息化作为覆盖现代化建设全局的战略举措，正确处理信息化与工业化之间的关系，长远规划，持续推进、坚持从国情出发，因地制宜，把信息化作为解决现实紧迫问题和发展难题的重要手段，充分发挥信息技术在各领域的作用。坚持把开发利用信息资源放到重要位置，加强统筹协调，促进互联互通和资源共享。坚持引进消化先进技术与增强自主创新能力相结合，优先发展信息产业，逐步增强信息化的自主装备能力。坚持推进信息化建设与保障国家信息安全并重，不断提高基础信息网络和重要信息系统的安全保护水平。坚持优先抓好信息技术的普及教育，提高国民信息技术应用技能。

（二）信息化发展中值得重视的问题

当前我国信息化发展也存在着一些亟待解决的问题，主要表现在：第一，思想认识需要进一步提高。我国是在工业化不断加快、体制改革不断深化的条件下推进信息化的，信息化理论和实践还不够成熟，全社会对推进信息化的重要性、紧迫性的认识需要进一步提高。第二，信息技术自主创新能力不足。核心技术和关键装备主要依赖进口。以企业为主体的创新体系亟待完善，自主装备能力急需增强。第三，信息技术应用水平不高。在整体上，应用水平落后于实际需求，信息技术的潜能尚未得到充分挖掘；在部分领域和地区应用效果不够明显。第四，信息安全问题仍比较突出。在全球范围内，计算机病毒、网络攻击、垃圾邮件、系统漏洞、网络窃密、虚假有害信息和网络违法犯罪等问题日渐突出，如应对不当，可能会给我国经济社会发展和国家安全带来不利影响。第五，数字鸿沟有所扩大。信息技术应用水平与先进国家相比存在较大差距。国内不同地区、不同领域、不同群体的信息技术应用水平和网络普及程度很不平衡，城乡、区域和行业的差距有扩大趋势，成为影响协调发展的新因素。第六，体制机制改革相对滞后。受各种因素制约，信息化管理体制商不完善，电信监管体制改革有待深化，信息化法制建设需要进一步加快。

经过多年的发展，我国信息化发展已具备了一定基础，进入了全方位、多层次推进的新阶段。抓住机遇，迎接挑战，适应转变经济增长方式、全面建设小康社会的需要，更新发展理念，破解发展难题，创新发展模式，大力推进信息化发展，已成为我国经济社会发展新阶段重要而紧迫的战略任务。

三、我国信息化发展的指导思想和战略目标

（一）指导思想和战略方针

我国信息化发展的指导思想是：以邓小平理论和"三个代表"重要思想为指导，贯彻落实科学发展观，坚持以信息化带动工业化，以工业化促进信息化，坚持以改革开放和科技创新为动力，大力推进信息化，充分发挥信息化在促进经济、政治、文化、社会和军事等领域发展的重要作用，不断提高国家信息化水平，走中国特色的信息化道路，促进我国经济社会又快又好地发展。

我国信息化发展的战略方针是：统筹规划、资源共享，深化应用、务求实效，面向市场、立足创新，军民结合、安全可靠。要以科学发展观为统领，以改革开放为动力，努力实现网络、应用、技术和产业的良性互动，促进网络融合，实现资源优化配置和信息共享。要以需求为主导，充分发挥市场机制配置资源的基础性作用，探索成本低、实效好的信息化发展模式。要以人为本、惠及全民，创造广大群众用得上、用得起、用得好的信息化发展环境。要把制度创新与技术创新放在同等重要的位置，完善体制机制，推动原始创新，加强集成创新，增强引进消化吸收再创新能力。要推动军民结合，协调发展。要高度重视信息安全，正确处理安全与发展之间的关系，以安全保发展，在发展中求安全。

（二）战略目标

到 2020 年，我国信息化发展的战略目标是：综合信息基础设施基本普及，信息技术自主创新能力显著增强，信息产业结构全面优化，国家信息安全保障水平大幅提高，国民经济和社会信息化取得明显成效，新型工业化发展模式初步确立，国家信息化发展的制度环境和政策体系基本完善，国民信息技术应用能力显著提高，为迈向信息社会奠定坚实基础。具体目标是：

促进经济增长方式的根本转变。广泛应用信息技术，改造和提升传统产业，发展信息服务业，推动经济结构战略性调整。深化应用信息技术，努力降低单位产品能耗、物耗，加大对环境污染的监控和治理，服务循环经济发展。充分利用信息技术，促进我国经济增长方式由主要依靠资本和资源投入向主要依靠科技进步和提高劳动者素质转变，提高经济增长的质量和效益。

实现信息技术自主创新、信息产业发展的跨越。有效利用国际国内两个市场、两种资源，增强对引进技术的消化吸收，突破一批关键技术，掌握一批核心技术，实现信息技术从跟踪、引进到自主创新的跨越，实现信息产业由大变强的跨越。

提升网络普及水平、信息资源开发利用水平和信息安全保障水平。抓住网络技术转型的机遇，基本建成国际领先、多网融合、安全可靠的综合信息基础设施。确立科学的信息资源观，把信息资源提升到与能源、材料同等重要的地位，为发展知识密集型产业创造条件。信息安全的长效机制基本形成。国家信息安全保障体系较为完善，信息安全保障能力显著增强。

增强政府公关服务能力、社会主义先进文化传播能力、中国特色的军事变革能力和国民信息技术应用能力。电子政务应用和服务体系日臻完善，社会管理与公关服务密切结合，网络化公关服务能力显著增强。网络成为先进文化传播的重要渠道，社会主义先进文化的感召力和中华民族优秀文化的国际影响力显著增强。国防和军队信息化建设取得重大进展，信息化条件下的防卫作战能力显著增强。人民群众受教育水平和信息技术应用技能显著提高，为建设学习型社会奠定基础。

四、我国信息化发展的战略重点

（一）推进国民经济信息化

推进面向"三农"的信息服务。利用公共网络，采用多种接入手段，以农民普遍能够承受的价格，提高农村网络普及率。整合涉农信息资源，规范和完善公益性信息中介服务，建设城乡统筹的信息服务体系，为农民提供适用的市场、科技教育、卫生保健等信息服务，支持农村富余劳动力的合理有序流动。

利用信息技术改造和提升传统产业。促进信息技术在能源、交通运输、冶金、机械和化工等行业的普及应用，推进设计研发信息化、生产装备数字化、生产过程智能化和经营管理网络化。充分运用信息技术推动高能耗、高物耗和高污染行业的改造。推动供应链管理和客户关系管理，大力扶持中小企业信息化。

加快服务业信息化。优化政策法规环境，依托信息网络，改造和提升传统服务业。加快发展网络增值服务、电子金融、现代物流、连锁经营、专业信息服务、咨询中介等新型服务业。大力发展电子商务，降低物流成本和交易成本。

鼓励具备条件的地区率先发展知识密集型产业。引导人才密集、信息化基础好的地区率先发展知识密集型产业，推动经济结构战略性调整。充分利用信息技术，加快东部地区知识和技术向中西部地区的扩散，创造区域协调发展的新局面。

（二）推行电子政务

改善公共服务。逐步建立以公民和企业为形象、以互联网为基础、中央与地方相配合、多种技术手段相结合的电子政务公共服务体系。重视推动电子政务公共服务延伸到街道、社区和乡村。逐步增加服务内容，扩大服务范围，提高服务质量，推动服务型政府建设。

加强社会管理。整合资源，形成全面覆盖、高效灵敏的社会管理信息网络，增强社会综合治理能力。协同共建，完善社会预警和应对突发事件的网络运行机制，增强对各种突发性事件的监控、决策和应急处置能力，保障国家安全、公共安全，维护社会稳定。

强化综合监管。满足转变政府职能、提高行政效率、规范监管行为的需求，深化相应业务系统建设。围绕财政、金融、税收、工商、海关、国资监管、质检、食品药品安全等关键业务，统筹规划，分类指导，有序推进相关业务系统之间、中央与地方之间的信息共享，促进部门间业务协同，提高监管能力。建设企业、个人征信系统，规范和维护市场秩序。

完善宏观调控。完善财政、金融等经济运行信息系统，提升国民经济预测、预警和监测水平，增强宏观调控决策的有效性和科学性。

（三）建设先进网络文化

加强社会主义先进文化的网上传播。牢牢把握社会主义先进文化的前进方向，支持健康有益文化，加快推进中华民族优秀文化作品的数字化、网络化，规范网络文化传播秩序，使科学的理论、正确的舆论、高尚的精神、优秀的作品成为网上文化传播的主流。

改善公共文化信息服务。鼓励新闻出版、广播影视、文学艺术等行业加快信息化步伐，提高文化产品质量，增强文化产品供给能力。加快文化信息资源整合，加强公益性文化信息基础设施建设，完善公共文化信息服务体系，将文化产品送到千家万户，丰富基层群众文化生活。

加强互联网对外宣传和文化交流。整合互联网对外宣传资源，完善互联网对外宣传体系建设，不断提高互联网对外宣传工作整体水平，持续提升对外宣传效果，扩大中华民族优秀文化的国际影响力。

建设积极健康的网络文化。倡导网络文明，强化网络道德约束，建立和完善网络行为规范，积极引导广大群众的网络文化创作实践，自觉抵御不良内容的侵蚀，摒弃网络滥用行为和低俗之风，全面建设积极健康的网络文化。

（四）推进社会信息化

加快教育科研信息化步伐。提升基础教育、高等教育和职业教育信息化水平，持续推进农村现代远程教育，实线优质教育资源共享，促进教育均衡发展。构建终身教育体系，发展多层次、交互式网络教育培训体系，方便公民自主学习。建立并完善全国教育与科研基础条件网络平台，提高教育与科研设备网络化利用水平，推动教育与科研资源的共享。

加强医疗卫生信息化建设。建设并完善覆盖全国、快捷高效的公共卫生信息系统，增强防疫监控、应急处置和救治能力。推进医疗服务信息化，改进医院管理，开展远程医疗。统筹规划电子病历，促进医疗、医药和医保机构的信息共享和业务协同，支持医疗体制改革。

完善就业和社会保障信息服务体系。建设多层次、多功能的就业信息服务体系，加强就业信息统计、分析和发布工作，改善技能培训、就业指导和政策咨询服务。加快全国社会保障信息系统建设，提高工作效率，改善服务质量。

推进社区信息化。整合各类信息系统和资源，构建统一的社区信息平台，加强常住人口和流动人口的信息化管理，改善社区服务。

（五）完善综合信息基础设施

推动网络融合，实现向下一代网络的转型。优化网络结构，提高网络性能，推进综合基础信息平台的发展。加快改革，从业务、网络和终端等层面推进"三网融合"。发展多种形式的宽带接入，大力推动互联网的应用普及。推动有线、地面和卫星等各类数字广播电视的发展，完成广播电视从模拟向数字的转换。应用光电传感、射频识别等技术扩展网络功能，发展并完善综合信息基础设施，稳步实现向下一代网络的转型。

建立和完善普遍服务制度。加快制度建设，面向老少边穷地区和社会困难群体，建立和完善以普遍服务基金为基础、相关优惠政策配套的补贴机制，逐步将普遍服务从基础电信和广播电视业务扩展到互联网业务。加强宏观管理，拓宽多种渠道，推动普遍服务市场主体的多元化。

（六）加强信息资源的开发利用

建立和完善信息资源开发利用体系。加快人口、法人单位、地理空间等国家基础信息库的建设，拓展相关应用服务。引导和规范政务信息资源的社会化增值开发利用。鼓励企业、个人和其他社会组织参与信息资源的公益性开发利用。完善知识产权保护制度，大力发展以数字化、网络化为主要特征的现代信息服务业，促进信息资源的开发利用。充分发挥信息资源开发利用对节约资源、能源和提高效益的作用，发挥信息流对人员流、物质流和资金流的引导作用，促进经济增长方式的转变和资源节约型社会的建设。

加强全社会信息资源管理。规范对生产、流通、金融、人口流动以及生态环境等领域的信息采集和标准制定，加强对信息资产的严格管理，促进信息资源的优化配置。实现信息资源的深度开发、及时处理、安全保存、快速流动和有效利用，基本满足经济社会发展优先领域的信息需求。

（七）提高信息产业竞争力

突破核心技术与关键技术。建立以企业为主体的技术创新体系，强化集成创新，突出自主创新，突破关键技术。选择具有高度技术关联性和产业带动性的产品和项目，促进引进消化吸收再创新，产学研用结合，实现信息技术关键领域的自主创新，积聚力量，攻克难关，逐步由外围向核心逼近，推进原始创新，力争跨越核心技术门槛，推进创新型国家建设。

培育有核心竞争能力的信息产业。加强政府引导，突破集成电路、软件、关键电子元器件、关键工艺装备等基础产业的发展瓶颈，提高在全球产业链中的地位，逐步形成技术领先、基础雄厚、自主发展能力强的信息产业。优化环境，引导企业资产重组、跨国并购，推动产业联盟，加快培育和发展具有核心能力的大公司和拥有技术专长的中小企业，建立竞争优势。加快"走出去"步伐，鼓励运营企业和制造企业联手拓展国际市场。

（八）建设国家信息安全保障体系

全面加强国家信息安全保障体系建设。坚持积极防御、综合防范，探索和把握信息化与信息安全的内在规律，主动应对信息安全挑战，实线信息化与信息安全协调发展。坚持立足国情，综合平衡安全成本和风险，确保重点，优化信息安全资源配置。建立和完善信息安全等级保护制度，重点保护基础信息网络和关系国家安全、经济命脉、社会稳定的重要信息系统。加强密码技术的开发利用。建设网络信任体系。加强信息安全风险评估工作。建设和完善信息安全监控体系，提高对网络安全事件应对和防范能力，防止有害信息传播。高度重视信息安全应急处置工作，健全完善信息安全应急指挥和安全通报制度，不断完善信息安全应急处置预案。从实际出发，促进资源共享，重视灾难备份建设，增强信息基础设施和重要信息系统的抗毁能力和灾难恢复能力。

大力增强国家信息安全保障能力。积极跟踪、研究和掌握国际信息安全领域的先进理论、前沿技术和发展动态，抓紧开展对信息技术产品漏洞、后门的发现研究，掌握核心安全技术，提高关键设备装备能力，促进我国信息安全技术和产业的自主发展。加快信息安全人才培养，增强国民信息安全意识。不断提高信息安全的法律保障能力、基础支撑能力、网络舆论宣传的驾驭能力和我国在国际信息安全领域的影响力，建立和完善维护国家信息安全的长效机制。

（九）提高国民信息技术应用能力，造就信息化人才队伍

提高国民信息技术应用能力，强化领导干部的信息化知识培训，普及政府公务人员的信息技术技能培训。配合现代远程教育工程，组织志愿者深入老少边穷地区从事信息化知识和技能服务。普及中心学信息技术教育。开展形式多样的信息化知识和技能普及活动，提高国民受教育水平和信息能力。

培养信息化人才。构建以学校教育为基础，在职培训为重点，基础教育与职业教育相互结合，公益培训与商业培训相互补充的信息化人才培养体系。鼓励各类专业人才掌握信息技术，培养复合型人才。

五、我国信息化发展的战略行动

为落实国家信息化发展的战略重点，保证在"十一五"时期国家信息化水平迈上新的台阶，按照承前启后、以点带面的原则，优先制定和实施以下战略行动计划。

（一）国民信息技能教育培训计划

在全国中心学普及信息技术教育，建立完善的信息技术基础课程体系，优化课程设置，丰富教学内容，提高师资水平，改善教学效果。推广新型教学模式，实现信息技术与教学过程的有机结合，全面推进素质教育。

加大政府资金投入及政策扶持力度，吸引社会资金参与，把信息技能培训纳入国民经济和社会发展规划。依托高等院校、中小学、邮局、科技馆、图书馆、文化站等公益性设施，以及全国文化信息资源共享工程、农村党员干部远程教育工程等，积极开展国民信息技能教育和培训。

（二）电子商务行动计划

营造环境、完善政策，发挥企业主体作用，大力推进电子商务。以企业信息化为基础，以大型重点企业为龙头，通过供应链、客户关系管理等，引导中小企业积极参与，形成完整的电子商务价值链，加快信用、认证、标准、支付和现代物流建设，完善结算清算信息系统，注重与国际接轨，探索多层次、多元化的电子商务发展方式。

制定和颁布中小企业信息化发展指南，分类指导，择优扶持，建设面向中小企业的公共信息服务平台，鼓励中小企业利用信息技术，促进中小企业开展灵活多样的电子商务活动。立足产业集聚地区，发挥专业信息服务企业的优势，承揽外包服务，帮助中小企业低成本、低风险地推进信息化。

（三）电子政务行动计划

规范政务基础信息的采集和应用，建设政务信息资源目录体系，推动政

府信息公开。整合电子政务网络，建设政务信息资源的交换体系，全面支撑经济调节、市场监管、社会管理和公共服务职能。

建立电子政务规划、预算、审批、评估综合协调机制。加强电子政务建设资金投入的审计和监督。明确已建、在建及新建项目的关系和业务衔接，逐步形成统一规范的电子政务财政预算、基本建设、运行、维护管理制度和绩效评估制度。

（四）网络媒体信息资源开发利用计划

开发科技、教育、新闻出版、广播影视、文学艺术、卫生、"三农"、社保等领域的信息资源，提供人民群众生产生活所需的数字化信息服务，建成若干强大的、影响广泛的、协同关联的互联网骨干网站群。扶持国家重点新闻网站建设，鼓励公益性网络媒体信息资源的开发利用。

制定政策措施，引导和鼓励网络媒体信息资源建设，开发优秀的信息产品，全面营造健康的网络信息环境。注重研究互联网传播规律和新技术发展对网络传媒的深远影响。

（五）缩小数字鸿沟计划

坚持政府主导、社会参与，缩小区域之间、城乡之间和不同社会群体之间信息技术应用水平的差距，创造机会均等、协调发展的社会环境。

加大支持力度，综合运用各种手段，加快推进中西部地区的信息网络建设，普及信息服务。把缩小城乡数字鸿沟作为统筹城乡经济社会发展的重要内容，推进农业信息化和现代农业建设，为建设社会主义新农村服务。逐步在行政村和城镇社区设立免费或低价接入互联网的公共服务场所，提供电子政务、教育培训、医疗保健、养老救治等方面的信息服务。

（六）关键信息技术自主创新计划

在集成电路（特别是中央处理器芯片）、系统软件、关键应用软件、自主可控关键装备等涉及自主发展能力的关键领域。瞄准国际创新前沿，加大投入，重点突破，逐步掌握产业发展的主动权。

在具有研发基础、市场前景广阔的移动通信、数字电视、下一代网络、射频识别等领域。优先启用具有自主知识产权的标准，加快产品开发和推广应用，带动产业发展。

六、我国信息化发展的保障措施

为了保持我国信息化发展的协调性和连续性，顺利部署我国信息化发展的战略重点和战略行动，提出以下保障措施。

（一）完善信息化发展战略研究和政策体系

紧密跟踪全球信息化发展进程，适应经济结构战略性调整、产业升级换代和转变经济增长方式的需要，持续深化信息化发展战略研究，动态调整信息化发展目标。

把推广信息技术应用作为修订和完善各类产业政策的重要内容。明确重点，保障资金，把工业化提高到广泛应用智能工具的水平上来，提高我国产业的整体竞争力。

按照西部大开发、东北地区等老工业基地振兴改造、中部崛起以及有关国家产业基地和工业园区的部署，把信息化作为促进区域协调发展、增进区域之间优势互补、实现区域比较优势的平衡器和助推器。

制定并完善集成电路、软件、基础电子产品、信息安全产品、信息服务业等领域的产业政策。研究制定支持大型中央企业的信息化发展政策。

（二）深化和完善信息化发展领域的体制改革

完善市场准入和退出机制，规范法人治理结构，推动运营服务市场的公平有效竞争。鼓励和推广各种形式的宽带终端和接入技术。鼓励业务创新，提供市场许可、资源分配、技术标准、互联互通等方面的支持。

研究探索适应网络融合与信息化发展需要的统一监管制度。以创造公平竞争环境和保护消费者利益为重点，加快转变监管理念。防范和制止不正当竞争。逐步建立以市场调节为主的电信业务定价体系。

（三）完善相关投融资政策

根据深化投资体制改革和金融体制改革的要求，加快研究制定信息化的投融资政策，积极引导非国有资本参与信息化建设。研究制定适应中小企业信息化发展的金融政策，完善相关的财税政策。培育和发展信息技术转让和知识产权交易市场，完善风险投资机制和资本退出机制。

健全和完善招投标、采购政策，逐步完善扶持信息产业发展的产业政策。加大国家对信息化发展的资金投入，支持国家信息化发展所急需的各类基础性、公益性工作，包括基础性标准制定、基础性信息资源开发、互联网公共服务场所建设、国民信息技能培训、跨部门业务系统协同和信息共享应用工程等。完善并严格实施政府采购政策，优先采购国产信息技术产品和服务，实现技术应用与研发创新、产业发展的协同。

（四）加快制定应用规范和技术标准

加强政府引导，依托重大信息化应用工程，以企业和行业协会为主体，加快产业技术标准体系建设。完善信息技术应用的技术体制和产业、产品等技术规范和标准，促进网络互联互通、系统互为操作和信息共享。加快制定人口、法人单位、地理空间、物品编码等基础信息的标准，加强知识产权保护。加强国际合作，积极参与国际标准制定。

（五）推进信息化法制建设

加快推进信息化法制建设，妥善处理相关法律法规制定、修改、废止之间的关系，制定和完善信息基础设施、电子商务、电子政务、信息安全、政府信息公开、个人信息保护等方面的法律法规，创造信息化发展的良好法制环境。根据信息技术应用的需要，适时修订和完善知识产权、未成年人保护、电子证据等方面的法律法规。加强信息化法制建设中的国际交流与合作，积极参与相关国际规则的研究和制定。

（六）加强互联网治理

坚持积极发展、加强管理的原则，参与互联网治理的国际对话、交流和磋商，推动建立主权公平的互联网国际治理机制。加强行业自律，引导企业依法经营。理顺管理体制，明确管理责任，完善管理制度，正确处理好发展与管理之间的关系，形成适应互联网发展规律和特点的运行机制。

坚持法律、经济、技术手段与必要的行政手段相结合，构建政府、企业、行业协会和公民相互配合、相互协作、权利与义务对等的治理机制，营造积极健康的互联网发展环境。依法打击利用互联网进行的各种违法犯罪活动，推动网络信息服务健康发展。

（七）壮大信息化人才队伍

研究和建立信息化人才统计制度，开展信息化人才需求调查，编制信息化人才规划，确定信息化人才工作重点。建立信息化人才分类指导目录。确定信息化相关职业的分类，制定职业技能标准。

尊重信息化人才成长规律，以信息化项目为依托，培养高级人才、创新型人才和复合型人才。发挥市场机制在人才资源配置中的基础性作用，高度重视"走出去，引进来"工作，吸引海外人才，鼓励海外留学人员参与国家信息化建设。

（八）加强信息化国际交流与合作

密切关注世界信息化发展动向，建立和完善信息化国际交流合作机制。坚持平等合作、互利共赢的原则，积极参与多边组织，大力促进双边合作。准确把握我国加入世界贸易组织后过渡期的新情况。统筹国内发展与对外开放，切实加强信息技术、信息资源、人才培养等领域的交流与合作。

（九）完善信息化推进体制

切实加强领导，凡涉及信息化的重大政策和事项要经国家信息化领导小组审定。要抓紧研究建立符合行政体制改革方向、分工合理、责任明确的信息化推进协调体制。加大政府部门间的协调力度，明确中央、地方政府在信息化建设上的事权，加强对地方的业务指导。

各地区各部门要贯彻落实党的十六大和十六届三中、四中、五中全会精神，因地制宜，加快编制信息化发展规划，制定科学的信息化统计指标体系，改进信息化绩效评估方法，完善国民经济和社会发展的统计核算体系，使信息化融汇到国民经济和社会发展的中长期规划之中。

附录5 工业和信息化部"十二五"信息化规划基本思路

"十二五"时期，工业和信息化领域要着力调整"四大结构"：一是提升产品和技术结构，二是优化产业组织结构，三是优化产业空间布局，四是调整行业结构。"十二五"时期，必须密切关注和高度重视新一代信息通信技术带来的机遇和挑战，深刻把握全球信息化和信息通信技术新趋势，推进信息化和工业化全方位、多层次、高水平的深度融合，构建宽带移动、融合泛在、安全可靠的下一代信息通信基础设施，加强国家网络和信息安全体系建设，力争形成国家信息网络产业竞争优势，牵引我国产业结构的优化升级和发展方式的转变。

一是以信息化带动工业化，加大信息技术改造，提升传统产业力度。深化各类通信技术应用，加快构建智能电网、智能交通、智能供水等体系，提升运行和管理水平。

二是实施"宽带中国"战略，促进通信与创新转型。推动 TD-SCDMA 长期发展和向 4G 演进。提高对互联网关键技术和战略性资源的掌控能力。以"双向进入"为重点，加快建立适应三网融合的国家标准体系，稳步推进试点，适时全面铺开，推动三网融合取得实质进展。

三是完善国家信息安全保障体系，切实维护网络空间安全和利益。科学配置和成分利用频谱资源，提高无线电监测技术设施水平。

四是稳步推进经济社会信息化，进一步提升质量效益。政府门户网站成为政府信息公开的主要载体，大力提升政府信息公开在线比例，着力完善农业农村信息基础设施，建设农村信息服务体系，缩小数字鸿沟。

五是加快物联网研发和应用，大力发展基于网络的新兴产业。深入研究物联网、传感网、云计算等新兴技术和发展模式，研究出台相关标准和发展政策，加快在各行业的应用。大力支持软件、外包服务和电子商务，优化发展数字内容、网络金融等新兴领域，发展壮大信息网络经济。

附录6 国家测绘局"十二五"数字城市规划

国家测绘局副局长李维森表示,"十一五"末,中国将完成或基本完成120个左右城市的数字地理空间框架建设,建立城市权威统一的地理信息公共平台。"十二五"期间,国家将全面推广数字城市建设,每年遴选30~50个城市,纳入推广项目计划,力争到"十二五"末基本完成全国地级市和有条件县级市的数字城市建设工作,并逐步实现与国家、省、市地理信息资源的上下贯通和相邻区域的横向互联,最终实现全国"一张图(国家基本比例尺地形图)、一个网(全球卫星定位综合服务网)、一个平台(国家地理信息公共服务平台)"。

附录7 国民经济和社会发展第十二个五年规划纲要（城市信息化部分）

第十三章 全面提高信息化水平

加快建设宽度、融合、安全、泛在的下一代国家信息基础设施，推动信息化和工业化深度融合，推进经济社会各领域信息化。

第一节 构建下一代信息基础设施

统筹布局新一代移动通信网、下一代互联网、数字广播电视网、卫星通信等设施建设，形成超高速、大容量、高智能国家干线传输网络。引导建设宽度无线城市，推进城市光纤入户，加快农村地区宽带网络建设，全面提高宽带普及率和接入带宽。推动物联网关键技术研发和在重点领域的应用示范。加强云计算服务平台建设。以广电和电信业务双向进入为重点，建立健全法律法规和标准，实现电信网、广电网、互联网三网融合，促进网络互联互通和业务融合。

第二节 加快经济社会信息化

推动经济社会各领域信息化。积极发展电子商务，完善面向中小企业的电子商务服务，推动面向全社会的信用服务、网上支付、物流配送等支撑体系建设。大力推进国家电子政务建设，推动重要政务信息系统互联互通、信息共享和业务协同，建设和完善网络行政审批、信息公开、网上信访、电子监察和审计体系。加强市场监管、社会保障、医疗卫生等重要信息系统建设，完善地理、人口、法人、金融、税收、统计等基础信息资源体系，强化信息资源的整合，规范采集和发布，加强社会化综合开发利用。

第三节 加强网络与信息安全保障

健全网络与信息安全法律法规，完善信息安全标准体系和认证认可体系，实施信息安全等级保护、风险评估等制度。加快推进安全可控关键软硬件应用试点示范和推广，加强信息网络监测、管控能力建设，确保基础信息网络和重点信息系统安全。推进信息安全保密基础设施建设，构建信息安全保密防护体系。加强互联网管理，确保国家网络与信息安全。

附录 8 数字城市的标准规范

大类	中类	小类	现行标准规范
数据标准规范	地理信息分类代码标准	地理要素分类代码标准	《国、省道主要控制点编码规则》GB/T 17730—1999
			《城市市政综合监管信息系统 地理编码》CJ/T 215—2005
			《城市市政综合监管信息系统 单网格划分与编码规则》CJ/T 213—2005
			《基础地理信息要素数据字典 第2部分：1:5000 1:10000 基础地理信息要素数据字典》GB/T 20258.2—2006
			《基础地理信息要素分类与代码》GB/T 13923—2006
			《城市市政综合监管信息系统管理部件和事件分类与编码》CJ/T 214—2007
			《基础地理信息要素数据字典 第1部分：1:500 1:1000 1:2000 基础地理信息要素数据字典》GB/T 20258.1—2007
			《城市市政综合监管信息系统 管理部件和事件分类、编码及数据要求》CJ/T 214—2007
			《交通科技信息资源共享平台信息资源建设要求 第2部分：分类与编码》JT/T 735.2—2009
		行政区划标准规范	《世界各国和地区名称代码》GB/T 2659—2000
			《县级以下行政区划代码编制规则》按照市统计局的编码标准 GB/T 10114—2003
			《中华人民共和国行政区划代码》GB/T 2260—2007
		政务专题地图信息分类与代码标准	《专题地图信息分类与代码》GB/T 18317—2009
		地名地址编码规则	《数字城市地理信息公共平台地名/地址编码规则》GB/T 23705—2009
		地理格网标准	《地理格网》GB/T 12409—2009

大类	中类	小类	现行标准规范
数据标准规范	地图分层标准规范	基础要素分层编码规范	《基础地理信息要素数据字典 第2部分：1：5000 1：10000 基础地理信息要素数据字典》GB/T 20258.2—2006
			《基础地理信息要素数据字典 第1部分：1：500 1：1000 1：2000 基础地理信息要素数据字典》GB/T 20258.1—2007
			《基础地理信息数据库基本规定》CH/T 9005—2009
		政务专题图层标准	《政务信息图层建设技术规范》北京市 DB11/Z 360—2006
		公众专题图层标准	《政务信息图层建设技术规范》北京市 DB11/Z 360—2006
		地图要素数据字典	《基础地理信息要素数据字典 第2部分：1：5000 1：10000 基础地理信息要素数据字典》GB/T 20258.2—2006
			《基础地理信息要素数据字典 第1部分：1：500 1：1000 1：2000 基础地理信息要素数据字典》GB/T 20258.1—2007
		电子地图规范	《中华人民共和国地图编制出版管理条例》1995 年 7 月
			《地图用公共信息图形符号通用符号》GB/T 17695—1999
			《城市地理信息系统设计规范》GB/T 18578—2001
			《车载导航电子地图产品规范》GB/T 20267—2006
			《导航电子地图检测规范》CH/T 1019—2010
	公共地理框架数据规范	—	《公共地理框架数据：地理实体数据规范》
			《公共地理框架数据：地名地址数据规范》
			《公共地理框架数据：电子地图数据规范》
			《公共地理框架数据：影像数据规范》
			《公共地理框架数据：高程数据规范》
数据库标准规范	数据库建设标准	总体	《地理点位置的纬度、经度和高程的标准表示法》 GB/T 16831—1997
			《地形数据库与地名数据库接口技术规程》 GB/T 17797—1999
			《地理信息 一致性与测试》GB/T 19333.5—2003
			《导航地理数据模型与交换格式》GB/T 19711—2005
			《标志用公共信息图形符号 第1部分：通用符号》 GB/T 100001.1—2006
			《基础地理信息标准数据基本规定》GB/T 21139—2007
			《地理信息 时间模式》GB/T 22022—2008
			《基础地理信息数据库基本规定》CH/T 9005—2009
			《地理信息 空间模式》GB/T 23707—2009

大类	中类	小类	现行标准规范
数据库标准规范	数据库建设标准	数据库字典	《智能运输系统数据字典要求》JT/T 642—2005
			《智能运输系统数据字典要求》GB/T 20606—2006
			《基础地理信息要素数据字典　第3部分：1∶2500 1∶50000 1∶10000 基础地理信息要素数据字典》GB/T 20258.3—2006
			《基础地理信息要素数据字典　第2部分：1∶5000 1∶10000 基础地理信息要素数据字典》GB/T 20258.2—2006
			《基础地理信息要素数据字典　第1部分：1∶500 1∶1000 1∶2000 基础地理信息要素数据字典》GB/T 20258.1—2007
			《基础地理信息要素数据字典　第4部分：1∶2500 1∶50000 1∶10000 基础地理信息要素数据字典》GB/T 20258.4—2007
		数据获取标准规范	《数字城市地理信息公共平台技术规范》CH/Z 9001—2007
			《可测量实景影像》测绘行业标准化指导性技术文件 CH/Z 1002—2009
			《行政区域界线测绘规范》GB/T 17796—2009
			《全球定位系统测量规范》GB/T 18314—2009
			《数字航空摄影测量　空中三角测量规范》GB/T 23236—2009
			《城市三维建模技术规范》CJJ/T 157—2010
		数据处理标准规范	《导航电子地图安全处理技术基本要求》GB/T 20263—2006
			《数字城市地理信息公共平台技术规范》CH/Z 9001—2007
			《国家基本比例尺地图编绘规范　第3部分：1∶500000 1∶1000000 地形图编绘规范》GB/T 12343.3—2009
			《地理信息　地理标记语言》GB/T 23708—2009
		质量控制标准规范	《数字测绘产品质量要求　第1部分：数字线划地形图、数字高程模型质量要求》GB/T 17941.1—2000
			《数字测绘产品检查验收规定和质量评定》GB/T 18316—2001
			《地理信息　质量评价过程》GB/T 21336—2008
			《基础地理信息城市数据库建设规范》GB/T 21740—2008
			《基础地理信息数据库测试规程》CH/T 9007—2010

大类	中类	小类	现行标准规范
数据库标准规范	数据库建设标准	元数据标准规范	《地理信息元数据》GB/T 19710—2005
			《地理空间框架基本规定》CH/T 9003—2009
			《地理信息公共平台基本规定》CH/T 9004—2009
			《民航科学数据共享元数据内容》MH/T 0029—2009
			《交通科技信息资源共享平台信息资源建设要求 第1部分：核心元数据》JT/T 735.1—2009
			《城市地理空间信息共享与服务元数据标准》CJJ/T 144—2010
			《信息技术数据元的规范与标准化》系列标准 GB/T 18391
	数据库更新标准	数据更新标准规范	《1:5000 1:10000 基础地理信息数字产品更新规范》CH/T 9006—2010
平台标准规范		总体	《城市基础地理信息系统技术规范(附条文说明)》CJJ 100—2004
			《城市地理空间框架数据标准(附条文说明)》CJJ 103—2004
			《国家地理信息公共服务平台建设专项规划》国家测绘局 2008 年 10 月
			《地理空间框架基本规定》CH/T 9003—2009
			《地理信息公共平台基本规定》CH/T 9004—2009
			《交通科技信息资源共享平台系统建设要求》JT/T 734—2009
			《国家地理信息公共服务平台技术设计指南》
		目录管理标准规范	《政务信息资源目录体系 第1部分：总体框架》GB/T 21063.1—2007
			《政务信息资源目录体系 第2部分：技术要求》GB/T 21063.2—2007
			《政务信息资源目录体系 第3部分：核心数据》GB/T 21063.3—2007
			《政务信息资源目录体系 第4部分：政务信息资源分类》GB/T 21063.4—2007
			《政务信息资源目录体系 第6部分：技术管理要求》GB/T 21063.6—2007

大类	中类	小类	现行标准规范
平台标准规范		目录管理标准规范	《政务信息资源共享交换平台技术规范　第 2 部分：政务信息资源目录管理》北京市 DB11/T 553.2—2008
			《地理空间框架基本规定》CH/T 9003—2009
			《地理信息公共平台基本规定》CH/T 9004—2009
		共享服务接口规范	《地理信息现行实用标准》ISO/TR—2001
			《地理信息服务》ISO 19119—2005
			《地理信息万维网地图服务接口》ISO 19128—2005
			《政务信息资源交换体系　第 3 部分：数据接口规范》GB/T 21062.3—2007
			《政务信息资源共享交换平台技术规范　第 5 部分：接口规范》DB11/553.5—2008（北京地标）
			《OGC Catalogue Service》
			《OpenGIS Web Map Service Implementation Specification 1.3.0》
			《OpenGIS Web Feature Service Implementation Specification 1.1.0》
			《OpenGIS Web Coverage Processing Service 1.0.0》
			《Web Coverage Service Implementation Standard 1.1.2》
			《OpenGIS Web Map Context Implementation Specification 1.1》
			《OpenGIS Web Map Tile Service Implementation Standard 1.0.0》
			《Corrigendum for OpenGIS Implementation Standard Web Processing Service 1.0.0（0.0.8）》
			《OGC Web Service Common Implementation Specification 2.0.0》
			《Quality Priciples；ISO 19114：2：2003 – Quality Evalution Producers》（ISO 19113：2002）
			《Schema for Coverage Geometry》（ISO 19123：2005）
			《Services》（ISO 19119：2005）
			《Geography Markup Language》（ISO 19136：2007）

大类	中类	小类	现行标准规范
平台标准规范	数据交换标准规范		《多点应用共享》YD/T 1134—2001
			《民政业务数据共享与交换》MZ/T 0001—2004
			《信息设备资源共享协同服务 第1部分：基础协议》SJ/T 11310—2005
			《信息设备资源共享协同服务 第4部分：设备验证》SJ/T 11311—2005
			《地理空间数据交换格式》GB/T 17798—2007
			《政务信息资源共享交换平台技术规范 第3部分：政务信息资源交换管理》北京市 DB11/T 553.3—2008
	城市空间信息共享技术规程		《信息技术 软件工程 CASE 工具的采用指南》GB/Z 18914—2002
			《软件工程 产品评价 第1部分：概述》GB/T 18905.1—2002
			《软件工程 产品评价 第2部分：策划和管理》GB/T 18905.2—2002
			《软件工程 产品评价 第3部分：开发者用的过程》GB/T 18905.3—2002
			《软件工程 产品评价 第4部分：需方用的过程》GB/T 18905.4—2002
			《软件工程 产品评价 第5部分：评价者用的过程》GB/T 18905.5—2002
			《软件工程 产品评价 第6部分：评价模块的文档编制》GB/T 18905.6—2002
			《软件工程 产品质量 第1部分：质量模型》GB/T 16260.1—2006
			《软件工程 产品质量 第2部分：外部度量》GB/T 16260.2—2006
			《软件工程 产品质量 第3部分：内部度量》GB/T 16260.3—2006
			《软件工程 产品质量 第4部分：使用质量的度量》GB/T 16260.4—2006
			《政务信息资源交换体系 第1部分：总体框架》GB/T 21062.1—2007
			《政务信息资源交换体系 第2部分：技术要求》GB/T 21062.2—2007
			《信息化工程监理规范 第5部分：软件工程监理规范》GB/T 19668.5—2007
			《软件工程 GB/T 19001—2000 应用于计算机软件的指南》GB/T 19000.3—2008

大类	中类	小类	现行标准规范
平台标准规范		物理标准规范	《信息技术　系统间远程通信和信息交换 DTE 到 DTE 直接连接》GB/T 13133—2008
			《信息技术　系统间远程通信和信息交换 DTE/DCE 接口处起止式传输的信号质量》GB/T 14397—2008
			《信息技术　系统间远程通信和信息交换　使用 GB/T 3454 的 DTE/DCE 接口备用控制操作》GB/T 15123—2008
			《信息技术　系统间远程通信和信息交换　双扭线多点互连》GB/T 15127—2008
			《信息技术　开放系统互连物理服务定义》GB/T 17534—1998
			《信息技术　系统间远程通信和信息交换 26 插针接口连接器配合性尺寸和接触件编号分配》GB/T 17559—1998
			《信息技术　系统间远程通信和信息交换 50 插针接口连接器配合性尺寸和接触件编号分配》GB/T 17959—2000
			《信息技术　高性能并行接口　第 1 部分：机械、电气及信号协议规范（HIPPI—PH）》GB/T 18235.1—2000
			《自动抄表系统低层通信协议　第 3 部分：面向连接的异步数据交换的物理层服务进程》GB/T 19897.3—2005
			《电子收费　专用短程通信　第 1 部分：物理层》GB/T 20851.1—2007
			《电子收费　专用短程通信　第 5 部分：物理层主要参数测试方法》GB/T 20851.5—2007
		网络标准规范	《信息处理系统　开放系统互连　网络层的内部组织结构》GB/T 15274—1994
			《信息技术　系统间远程通信和信息交换使用 X.25 提供 OSI 连接方式网络服务》GB/T 16976—1997
			《信息处理系统　系统间远程通信和信息交换　与提供无连接方式的网络服务协议联合使用的端系统到中间系统路由选择交换协议》GB/T 17180—1997
			《信息技术　光纤分布式数据接口（FDDI）第 5 部分：混合环控制（HRC）》GB/T 16678.5—2000
			《信息技术　提供无连接方式网络服务的协议　第 2 部分：由 GB/T 15629(ISO/IEC 8802)子网提供低层服务》GB/T 17179.2—2000
			《信息技术　提供无连接方式网络服务的协议　第 3 部分：由 X.25 子网提供低层服务》GB/T 17179.3—2000

大类	中类	小类	现行标准规范
平台标准规范		网络标准规范	《信息技术 提供无连接方式网络服务的协议 第4部分：由提供OSI数据链路服务的子网提供低层服务》GB/T 17179.4—2000
			《信息技术 开放系统互连 网络层安全协议》GB/T 17963—2000
			《信息处理系统 数据通信 局域网中使用X.25包级协议》GB/T 17972—2000
			《信息技术 提供无连接方式网络服务的协议 第1部分：协议规范》GB/T 17179.1—2008
			《信息技术 开放系统互连 网络服务定义》GB/T 15126—2008
			《信息技术 数据通信 数据终端设备用X.25包层协议》GB/T 16974—2009
		数据链路标准规范	《信息处理系统 数据通信 多链路规程》GB/T 15124—1994
			《综合业务数字网帧模式承载业务数据链路层规范》GB/T 16653—1996
			《信息技术 系统间的远程通信和信息交换 X.25DT一致性测试第2部分：数据链路层一致性测试套》GB/T 16724.2—1996
			《信息技术 开放系统互连 数据链路服务定义》GB/T 17547—1998
			《信息技术 系统间的远程通信和信息交换 与OSI数据链路层标准相关的管理信息元素》GB/T 17968—2000
			《信息技术 开放系统互连 命名与编址指导》GB/T 17976—2000
			《信息技术 系统间远程通信和信息交换 OSI路由选择框架》GB/Z 17977—2000
			《电子收费 专用短程通信 第2部分：数据链路层》GB/T 20851.2—2007
			《信息技术 系统间的远程通信和信息交换 高级数据链路控制规程 与X.25LAPB兼容的DTE数据链路规程的描述》GB/T 14399—2008
		运输标准规范	《信息技术 提供OSI无连接方式运输服务的协议》GB/T 16723—1996
			《信息技术 开放系统互连 无连接表示协议 第1部分：协议规范》GB/T 17546.1—1998
			《信息技术 开放系统互连 表示层一致性测试套 第1部分：表示协议测试套结构和测试目的》GB/T 18138.1—2000

大类	中类	小类	现行标准规范
平台标准规范		表示标准规范	《信息技术 开放系统互连 表示层一致性测试套 第2部分：ASN.1基本编码测试套结构和测试目的》GB/T 18138.2—2000
			《信息技术 抽象语法记法一（ASN.1）第1部分：基本记法规范》GB/T 16262.1—2006
			《信息技术 抽象语法记法一（ASN.1）第2部分：信息客体规范》GB/T 16262.2—2006
			《信息技术 抽象语法记法一（ASN.1）第3部分：约束规范》GB/T 16262.3—2006
			信息技术 抽象语法记法一（ASN.1）第4部分：ASN.1规范的参数化》GB/T 16262.4—2006
			《信息技术 ASN.1编码规则 第1部分：基本编码规则（BER）、正则编码规则（CER）和非典型编码规则（DER）规范》GB/T 16263.1—2006
			《信息技术 ASN.1编码规则 第2部分：紧缩编码规则（PER）规范》GB/T 16263.2—2006
			《信息技术 开放系统互连 提供连接方式运输服务的协议》GB/T 12500—2008
			《信息技术 开放系统互连 运输服务定义》GB/T 12453—2008
			《信息技术 开放系统互连 OSI等级机构的操作规范 第3部分：ISO和ITU－T联合管理的顶级弧下的客体标示弧符的登记》GB/T 17969.3—2008
			《信息技术 开放系统互连 表示服务定义》GB/T 15695—2008
			《信息技术 开放系统互连 面向连接的表示协议 第1部分：协议规范》GB/T 15696.1—2009
		应用标准规范	《信息技术 开放系统互连 系统管理 第1部分：客体管理功能》GB/T 17143.1—1997
			《信息技术 开放系统互连 系统管理 第2部分：状态管理功能》GB/T 17143.2—1997
			《信息技术 开放系统互连 系统管理 第3部分：表示关系的属性》GB/T 17143.3—1997
			《信息技术 开放系统互连 系统管理 第4部分：告警报告功能》GB/T 17143.4—1997
			《信息技术 开放系统互连 系统管理 第5部分：事件报告管理功能》GB/T 17143.5—1997
			《信息技术 开放系统互连 系统管理 第6部分：日志控制功能》GB/T 17143.6—1997

大类	中类	小类	现行标准规范
平台标准规范	应用标准规范		《信息技术 开放系统互连 系统管理 第7部分：安全告警报告功能》GB/T 17143.7—1997
			《信息技术 开放系统互连 系统管理 第8部分：安全审计跟踪功能》GB/T 17143.8—1997
			《信息技术 开放系统互连 分布式事务处理 第1部分：OSI TP 模型》GB/T 17173.1—1997
			《信息技术 开放系统互连 分布式事务处理 第2部分：OSI TP 服务》GB/T 17173.2—1997
			《信息技术 开放系统互连 分布式事务处理 第3部分：协议规范》GB/T 17173.3—1997
			《信息技术 开放系统互连 管理信息结构 第1部分：管理信息模型》GB/T 17175.1—1997
			《信息技术 开放系统互连 管理信息结构 第2部分：管理信息定义》GB/T 17175.2—1997
			《信息技术 开放系统互连 管理信息结构 第4部分：被管客体的定义指南》GB/T 17175.4—1997
			《信息技术 开放系统互连 应用层结构》 GB/T 17176—1997
			《信息技术 开放系统互连 联系控制服务元素的无连接协议 第1部分：协议规范》GB/T 17545.1—1998
			《信息技术 开放系统互连 虚拟终端基本类服务》 GB/T 17579—1998
			《信息技术 开放系统互连 虚拟终端基本类协议 第1部分：规范》GB/T 17580.1—1998
			《信息技术 开放系统互连 虚拟终端基本类协议 第2部分：协议实现一致性声明》GB/T 17580.2—1998
			《信息技术 开放系统互连 ACSE 协议一致性测试套 第1部分：测试套结构和测试目的》GB/T 18137.1—2000
			《信息技术 开放系统互连 联系控制服务元素的无连接协议 第2部分：协议实现一致性声明形式表》 GB/T 17545.2—2000
			《信息技术 开放系统互连 公共管理信息协议 第2部分：协议实现一致性声明形式表》GB/T 16645.2—2000
			《数字域名规范》SJ/T 11271—2002
			《信息技术 开放系统互连 目录 第8部分：公钥和属性证书框架》GB/T 16264.8—2005

大类	中类	小类	现行标准规范
平台标准规范	应用标准规范		《信息技术 安全技术 公钥基础设施 在线证书状态协议》GB/T 19713—2005
			《信息技术 安全技术 公钥基础设施 证书管理协议》GB/T 19714—2005
			《基于多用途互联网邮件扩展的安全报文交换》GB/T 19717—2005
			《信息技术 安全技术 公钥基础设施 PKI 组件最小互操作规范》GB/T 19771—2005
			《信息安全技术 公钥基础设施 数字证书格式》GB/T 20518—2006
			《基于互联网服务的开放业务接入应用程序接口技术要求》YD/T 1661—2007
			《电子收费 专用短程通信 第3部分：应用层》GB/T 20581.3—2007
			《信息技术 数据管理参考模型》GB/Z 18219—2008
			《信息技术 开放系统互连 面向连接的联系控制服务元素协议 第1部分：协议规范》GB/T 16687.1—2008
			《信息技术 开放系统互连 联系控制服务元素服务定义》GB/T 16688—2008
			《信息技术 开放系统互连 系统管理综述》GB/T 17142—2008
			《信息技术 开放系统互连 目录 第1部分：概念、模型和服务的概述》GB/T 16264.1—2008
			《信息技术 开放系统互连 目录 第2部分：模型》GB/T 16264.2—2008
			《信息技术 开放系统互连 目录 第4部分：分布式操作规程》GB/T 16264.4—2008
			《信息技术 开放系统互连 目录 第6部分：选定的属性类型》GB/T 16264.6—2008
			《信息技术 开放系统互连 目录 第7部分：选定的客体类型》GB/T 16264.7—2008
			《基于关键词的互联网寻址总体技术要求》YD/T 2028—2009
			《域名系统安全防护技术要求》YD/T 2052—2009
			《域名系统安全防护检测要求》YD/T 2053—2009

大类	中类	小类	现行标准规范
平台标准规范		多层应用标准规范	《基于 H.248 的媒体网关控制协议技术要求》YD/T 1292—2003
			《支持 IPv6 的路由协议技术要求——开放最短路径优先协议》YD/T 1295—2003
		开放系统互连标准	《信息技术 开放系统互连 基本参考模型 第 2 部分：安全体系结构》GB/T 9387.2—1995
			《信息技术 开放系统互连 基本参考模型 第 4 部分：管理框架》GB/T 9387.4—1996
			《信息技术 开放系统互连 基本参考模型 OSI 服务定义协定》GB/T 17967—2000
			《信息技术 系统间远程通信和信息交换 在因特网传输控制协议之上使用 OSI 应用》GB/T 17973—2000
			《信息技术 开放系统互连 通用高层安全 第 1 部分：概述、模型和记法》GB/T 18237.1—2000
			《信息技术 开放系统互连 通用高层安全 第 2 部分：安全交换服务元素服务定义》GB/T 18237.2—2000
			《信息技术 开放系统互连 通用高层安全 第 3 部分：安全交换服务元素协议规范》GB/T 18237.3—2000
			《信息技术 开放系统互连 开放系统安全框架 第 1 部分：概述》GB/T 18794.1—2000
			《信息技术 开放系统互连 开放系统安全框架 第 2 部分：鉴别框架》GB/T 18794.2—2000
			《信息技术 开放系统互连 通用高层安全 第 4 部分：保护传送语法规范》GB/T 18237.4—2003
			《信息技术 开放系统互连 开放系统安全框架 第 3 部分：访问控制框架》GB/T 18794.3—2003
			《信息技术 开放系统互连 开放系统安全框架 第 4 部分：抗抵赖框架》GB/T 18794.4—2003
			《信息技术 开放系统互连 开放系统安全框架 第 5 部分：机密性框架》GB/T 18794.5—2003
			《信息技术 开放系统互连 开放系统安全框架 第 6 部分：完整性框架》GB/T 18794.6—2003
			《信息技术 开放系统互连 开放系统安全框架 第 7 部分：安全审计和报警框架》GB/T 18794.7—2003
			《承载电信级业务的 IP 专用网络安全框架》YD/T 1486—2006
			《信息技术 开放系统互连 基本参考模型 第 3 部分：命名与地址》GB/T 9387.3—2008

大类	中类	小类	现行标准规范
平台标准规范		其他标准	《城市市政综合监管信息系统技术规范》CJJ/T 106—2005
			《基础地理信息数据档案管理与保护规范》CH/T 1041—2006
			《房地产市场信息系统技术规范》CJJ/T 115—2007
			《城市市政综合监管信息系统 绩效评价》CJ/T 292—2008
			《城市市政综合监管信息系统 监管数据无线采集设备》CJ/T 293—2008
			《城镇供水营业收费管理信息系统》CJ/T 298—2008
			《建设领域应用软件测评通用规范》CJJ/T 116—2008
			《城市市政综合监管信息系统 监管案件立案、处置与结案》CJ/T 315—2009
安全标准规范		安全技术标准规范	《火灾自动报警系统设计规范》GBJ 116—88
			《信息处理系统开放系统互联 基本参考模型（第2部分 安全体系结构）》ISO 7498—2—1989
			《信息处理系统开放系统互联 基本参考模型（第2部分 安全体系结构）》GB/T 9387.2—1995
			《网络代理服务器的安全技术要求》GB/T 17900—1999
			《信息技术 低层安全模型》GB/T 18231—2000
			《信息技术 开放系统互连 开放系统安全框架》GB/T 18794.7—2003
			《信息技术 开放系统互连 目录 第8部分：公钥和属性证书框架》GB/T 16264.8—2005
			《信息安全技术 包过滤防火墙评估准则》GB/T 20010—2005
			《信息安全技术 路由器安全评估准则》GB/T 20011—2005
			《信息安全技术 操作系统安全评估准则》GB/T 20008—2005
			《信息安全技术 数据库管理系统安全评估准则》GB/T 20009—2005
			《信息安全技术 网络基础安全技术要求》GB/T 20270—2006

大类	中类	小类	现行标准规范
安全标准规范	安全技术标准规范		《信息安全技术 信息系统通用安全技术要求》GB/T 20271—2006
			《信息安全技术 智能卡嵌入式软件安全技术要求（EAL4 增强级）》GB/T 20276—2006
			《信息安全技术 网络和终端设备隔离部件测试评价方法》GB/T 20277—2006
			《信息安全技术 网络脆弱性扫描产品技术要求》GB/T 20278—2006
			《信息安全技术 网络和终端设备隔离部件安全技术要求》GB/T 20279—2006
			《信息安全技术 防火墙技术要求和测试评价方法》GB/T 20281—2006
			《信息安全技术 操作系统安全技术要求》GB/T 20272—2006
			《信息安全技术 数据库管理系统安全技术要求》GB/T 20273—2006
			《信息安全技术 公钥基础设施 数字证书格式》GB/T 20518—2006
			《信息安全技术 公钥基础设施 特定权限管理中心技术规范》GB/T 20519—2006
			《信息安全技术 公钥基础设施 时间戳规范》GB/T 20520—2006
			《电信设备的电磁信息安全性要求和测量方法 第 1 部分：电磁辐射信息泄露》YD/T 1536.1—2006
			《数字程控交换机信息安全技术要求和测试方法》YD/T 1534—2006
			《信息安全技术 信息系统灾难恢复规范》GB/T 20988—2007
			《增值电信业务网络信息安全保障基本要求》YDN 126—2007
			《信息安全技术 信息安全事件分类分级指南》GB/Z 20986—2007
			《信息安全技术 路由器安全技术要求》GB/T 18018 2007
			《信息安全技术 网上银行系统信息安全保障评估准则》GB/T 20983—2007

大类	中类	小类	现行标准规范
安全标准规范	安全技术标准规范		《信息安全技术 公钥基础设施 PKI 系统安全等级保护评估准则》GB/T 21054—2007
			《信息安全技术 公钥基础设施 PKI 系统安全等级保护技术要求》GB/T 21053—2007
			《信息安全技术 服务器安全技术要求》GB/T 21028—2007
			《移动终端信息安全技术要求》YD/T 1699—2007
			《移动终端信息安全测试方法》YD/T 1710—2007
			《信息安全技术 网络交换机安全技术要求》GB/T 21050—2007
			《信息安全技术 信息系统物理安全技术要求》GB/T 21052—2007
			《信息安全技术 分组密码算法的工作模式》GB/T 17964—2008
			《信息安全技术 安全技术 信息安全管理体系要求》GB/T 22080—2008
			《信息安全技术 开放系统互连 基本参考模型》GB/T 9387.3—2008
			《信息安全技术 信息系统安全等级保护基本要求》GB/T 22239—2008
			《信息安全技术 信息系统安全等级保护定级指南》GB/T 22240—2008
			《信息安全技术 具有中央处理器的集成电路（IC）卡芯片安全技术要求》GB/T 22186—2008
			《增值电信业务网络信息安全保障基本要求》YDN 126—2009
			《信息安全技术 基于互联网电子政务信息安全实施指南》GB/Z 24294—2009
			《信息安全技术 信息安全应急响应计划规范》GB/T 24363—2009
			《基于关键词的互联网寻址总体技术要求》YD/T 2028—2009
			《域名系统安全防护技术要求》YD/T 2052—2009
			《域名系统安全防护检测要求》YD/T 2053—2009

大类	中类	小类	现行标准规范
安全标准规范		安全管理标准规范	《计算机信息系统安全保护等级划分准则》GB/T 7895—1999）
			《信息安全技术　信息系统安全管理要求》GB/T 20269—2006
			《信息安全技术　信息系统安全工程管理要求》GB/T 20282—2006
			《信息安全技术　安全技术　信息安全事件管理指南》GB/T 20985—2007
			《信息安全运行管理系统总体架构》YD/T 1800—2008
			《电子信息系统机房设计规范》GB 50174—2008
			《信息安全技术　安全技术　信息安全管理体系要求》GB/T 22080—2008
			《信息安全技术　安全技术　信息安全管理实用规则》GB/T 22081—2008
			《信息安全技术　信息安全风险管理指南》GB/Z 24364—2009
		安全评价标准规范	《信息安全技术　信息系统安全保障评估框架　第1部分：简介和一般模型》GB/T 20274.1—2006
			《信息安全技术　入侵检测系统技术要求和测试评价方法》GB/T 22075—2006
			《信息安全技术　公共基础设施　数字证书格式》GB/T 20518—2006
			《信息安全技术　信息安全风险评估规范》GB/T 20984—2007
			《网络与信息安全服务资质评估准则》YD/T 1621—2007
			《信息安全技术　信息系统安全保障评估框架　第2部分：技术保障》GB/T 20274.2—2008
			《信息安全技术　信息系统安全保障评估框架　第3部分：管理保障》GB/T 20274.3—2008
			《信息安全技术　信息系统安全保障评估框架　第4部分：工程保障》GB/T 20274.4—2008
			《网络与信息安全应急处理服务资质评估办法》YD/T 1799—2008

215

参 考 文 献

[1] Allen J. Scott. Global City-Regions: Trends, Theory, Policy [M]. Oxford: Oxford University Press, 2001.

[2] David Harvey. The Condition of Postmodernity [M]. Oxford: Blackwell Press, 1990.

[3] Makoto Tanabe, Peter van den Besselaar, Toru Ishida. Digital Cities II: Computational and Sociological Approaches: Second Kyoto Workshop on Digital Cities [M]. London: Springer-Verlag, 2002.

[4] Manuel Castells. The Informational City: Information Technology, Economic Restructuring, and the Urban-Regional Process [M]. Oxford: Blackwell Press, 1989.

[5] Manuel Castells. The Space of Flows: A Theoey Space in the Informational Society [M]. Princeton: Princeton University, 1992.

[6] Manuel Castells. The Rise of the Network Society [M]. Oxford: Blackwell Press, 2000.

[7] Manuel Castells, Peter Hall. Technologies of the world: the making of twenty-first-century industrial complexes [M]. London: Routledge, 1994.

[8] Mika Yasuoka, Toru Ishida, Alessandro Aurigi. The Advancement of World Digital Cities [M] //Nakashima, Hideyuki, Aghajan, Hamid, Augusto, Juan Carlos (Eds.). Handbook of Ambient Intelligence and Smart Environments, Berlin: Springer Science + Business Media, LLC, 2010.

[9] Nicholas G. Carr. Does IT Matter? ——Information Technology and the Corrosion of Competitive Advantage [M]. Boston: Harvade Business, 2004.

[10] Paul Adams. Network topologies and virtual place [M]. Washington, D. C. : Annals of the Association of American Geographers, 1998.

[11] Peter van den Besselaar, Satoshi Koizumi. Digital Cities III: Information Technologies for Social Capital: Cross-cultural Perspectives [M]. Berlin: Springer-Verlag, 2005.

[12] Richard Hanley. Moving People, Goods and Information in the 21st Century: The Cutting-Edge Infrastructures of Networked Cities [M]. London: Routledge, 2004.

[13] Stephen Graham, Simon Marvin. Telecommunications and City: Electronic Spaces, Urban Places [M]. London: Routledge, 1996.

[14] Toru Ishida, Katherine Isbister. Digital Cities: Technologies, Experiences, and Future Perspectives [M]. Berlin : Springer-Verlag, 2000.

[15] [美] 芬加. 云计算: 21 世纪的商业平台 [M]. 王灵俊 译. 北京: 电子工业出版社, 2009.

［16］［美］葛洛蒂，［中］张国治．数字化世界［M］．北京：电子工业出版社，1999.

［17］［美］马克·第亚尼．非物质社会——后工业世界的设计、文化和技术［M］．滕守尧 译．成都：四川人民出版社，1998.

［18］［美］莫什·萨夫迪．后汽车时代的城市［M］．吴越 译．北京：人民文学出版社，2001.

［19］［美］尼葛洛庞帝．数字化生存［M］．胡泳，范海燕 译．海口：海南出版社，1997.

［20］［美］斯蒂格利茨．信息经济学：基本原理［M］．纪沫，陈工文，李飞跃 译．北京：中国金融出版社，2009.

［21］［美］丝奇雅·沙森．全球城市：纽约、伦敦、东京［M］．周振华 等译．上海：上海社会科学院出版社，2005.

［22］［美］威廉·J·米切尔．比特之城：空间·场所·信息高速公路［M］．范海燕，胡泳 译．北京：生活·读书·新知三联书店，1999.

［23］［美］威廉·J·米切尔．我＋＋：电子自我和互联城市［M］．刘小虎 等译．北京：中国建筑工业出版社，2006.

［24］［美］威廉·J·米切尔．伊托邦：数字时代的城市生活［M］．吴启迪，乔非，俞晓 译．上海：上海教育科技出版社，2005.

［25］［英］大卫·路德林，尼古拉斯·福克．营造21世纪的家园——可持续的城市邻里社区［M］．王健、单燕华 译．北京：中国建筑工业出版社，2004.

［26］鲍常勇．信息建设与电子政务［M］．郑州：河南科学技术出版社，2007.

［27］蔡大鹏．社区管理信息化［M］．北京：北京工业大学出版社，2009.

［28］曹国辉．数字中国物联天下［M］．北京：中国人民公安大学出版社，群众出版社，2010.

［29］陈刚，阎国庆．数字城市：理论与实践［M］．杭州：浙江大学出版社，2004.

［30］陈建华．信息化、产业发展与城市空间响应［M］．北京：社会科学文献出版社，2010.

［31］陈禹，魏秉全，易法敏．数字化企业［M］．北京：清华大学出版社，2003.

［32］陈云坤．信息化与电子政务导读［M］．贵阳：贵州人民出版社，2007.

［33］承继成，李琦，林珲等．数字城市——理论、方法与应用［M］．北京：科学出版社，2003.

［34］承继成，林珲，周成虎等．数字地球导论［M］．北京：科学出版社，2000.

［35］承继成，王宏伟．城市如何数字化：纵谈城市信息建设［M］．北京：中国城市出版社，2002.

［36］程建权．城市系统工程［M］．武汉：武汉测绘科技大学出版社，1999.

［37］崔保国．信息社会的理论与模式［M］．北京：高等教育出版社，1999.

［38］丁秋林．现代企业信息化重构［M］．北京：机械工业出版社，2003.

［39］宫辉力，段福洲，赵文吉．数字北京［M］．北京：北京工业大学出版社，2007.

［40］顾朝林等．集聚与扩散：城市空间结构新论［M］．南京：东南大学出版

社，2000.

[41] 广州市信息化办公室，广东省社会科学院产业经济研究所联合课题组．城市信息化发展战略思考——广州市国民经济和社会信息化十一五规划战略研究［M］．广州：广东经济出版社，2006.

[42] 郝力，谢跃文等．数字城市［M］．北京：中国建筑工业出版社，2010.

[43] 胡立君．商务信息化技术应用［M］．海口：南海出版公司，2007.

[44] 华斌．数字城市建设的理论与策略［M］．北京：科学技术出版社，2004.

[45] 姜爱林．城镇化、工业化与信息化协调发展研究［M］．北京：中国大地出版社，2004.

[46] 赖明．数字城市导论［M］．北京：中国建筑工业出版社，2001.

[47] 李德华．城市规划原理［M］．北京：中国建筑工业出版社，2001.

[48] 李继文．工业化与信息化：中国的历史选择［M］．北京：中共中央党校出版社，2003.

[49] 李林．数字城市建设指南［M］．南京：东南大学出版社，2010.

[50] 李农．中国城市信息化发展与评估［M］．上海：上海交通大学出版社，2009.

[51] 李晓东．信息化与经济发展［M］．北京：中国发展出版社，2000.

[52] 李智．全球化时代的国际思潮［M］．北京：新华出版社，2003.

[53] 李宗华．数字城市空间数据基础设施建设与应用［M］．北京：科学出版社，2008.

[54] 刘昭东，宋振峰．信息与信息化社会［M］．北京：科学技术文献出版社，1994.

[55] 鲁品越，葛宁，刘强．中国未来之路——信息化进程在中国［M］．南京：南京大学出版社，1998.

[56] 路紫．信息经济地理论［M］．北京：科学出版社，2006.

[57] 吕志平，李健，杜鹏等．数字城市建设规划与方案［M］．北京：测绘出版社，2006.

[58] 麻清源．数字化城市管理信息平台［M］．北京：中国人民大学出版社，2009.

[59] 马智亮，吴炜煜，彭明．实现建设领域信息化之路［M］．北京：中国建筑工业出版社，2002.

[60] 倪金生，赵明伟．数字城市［M］．北京：电子工业出版社，2008.

[61] 牛建波．知识经济与信息化概论［M］．北京：中国经济出版社，2002.

[62] 潘家华．中国城市发展报告［M］．北京：社会科学文献出版社，2010.

[63] 潘懋，金江军，承继成．城市信息化方法与实践［M］．北京：电子工业出版社，2006.

[64] 钱健，谭伟贤．数字城市建设［M］．北京：科学出版社，2007.

[65] 钱学森．创建系统学［M］．太原：山西科学技术出版社，2001.

[66] 钱学森．论系统工程［M］．长沙：湖南科学技术出版社，1982.

[67] 仇保兴．中国数字城市发展研究报告［M］．北京：中国建筑工业出版社，2011.

［68］申金升，卫振林，纪寿文等．现代物流信息化及其实施［M］．北京：电子工业出版社，2006.

［69］宋玲，姜奇平．信息化水平测度的理论与方法［M］．北京：经济科学出版社，2001.

［70］孙世界，刘博敏．信息化城市：信息技术发展与城市空间结构的互动［M］．天津：天津大学出版社，2007.

［71］佟晓筠．信息化与数字化城市发展战略和对策研究［M］．沈阳：东北大学出版社，2008.

［72］王佃利，曹现强．城市管理学［M］．北京：首都经济贸易大学出版社，2007.

［73］王家耀，张祖勋．中国数字城市发展战略论坛论文集［M］．西安：西安地图出版社，2005.

［74］王家耀，宁津生，张祖勋．中国数字城市建设方案推进战略研究［M］．北京：科学出版社，2008.

［75］王家耀，张震宇．数字城市理论方法与建设运营模式［M］．西安：西安地图出版社，2006.

［76］王庆跃，陈玮，胡浩等．新技术革命的中枢信息技术［M］．珠海：珠海出版社，2002.

［77］王战，周振华．城市转型与经济发展［M］．上海：上海财经大学出版社，2007.

［78］汪明峰．城市网络空间的生产与消费［M］．北京：科学出版社，2007.

［79］王有捐．中国城市统计年鉴2008［M］．北京：中国统计出版社，2009.

［80］乌家培，谢康，王明明．信息经济学［M］．北京：高等教育出版社，2002.

［81］吴俐民，丁仁军等．城市规划信息化体系［M］．成都：西南交通大学出版社，2010.

［82］吴良镛．人居环境科学导论［M］．北京：中国建筑工业出版社，2001.

［83］吴伟萍．城市信息化战略：理论与实证［M］．北京：中国经济出版社，2008.

［84］吴义杰．基于复杂系统理论与方法的数字城市建设［M］．北京：中国电力出版社，2006.

［85］席丹．信息化与中国经济跨越式发展［M］．武汉：武汉大学出版社，2004.

［86］夏海涛．信息时代——电子商务与数字化未来［M］．北京：新华出版社，1999.

［87］修文群．新一代数字城市建设指南［M］．北京：科学出版社，2006.

［88］肖文海，张宠平．信息化、制度创新与转变增长方式的路径选择［M］．北京：中国言实出版社，2007.

［89］许慧玲．中国产业信息化道路研究［M］．南京：东南大学出版社，2007.

［90］徐险峰．论以信息化带动工业化［M］．成都：西南财经大学出版社，2006.

［91］徐晓林．数字城市政府管理［M］．北京：科学出版社，2006.

［92］杨学文．中国现代化进程中城市信息化研究［M］．武汉：武汉出版社，2007.

［93］杨仲山，屈超．信息经济测度方法的系统分析［M］．北京：科学出版社，2009.

［94］叶裕民，皮定均等．数字化城市管理导论［M］．北京：中国人民大学出版社，2009.

［95］游五洋，陶青．信息化与未来中国［M］．北京：中国社会科学出版社，2003.

［96］张晓瑞．数字城市规划概论［M］．合肥：合肥工业大学出版社，2010.

［97］赵英，李华锋．走进信息化生活［M］．哈尔滨：哈尔滨工程大学出版社，2009.

［98］甄峰．信息时代的区域空间结构［M］．北京：商务印书馆，2004.

［99］郑国．国内外数字化城市管理案例［M］．北京：中国人民大学出版社，2009.

［100］郑京平，杨京英．中国信息化评价与比较研究［M］．北京：中国统计出版社，2005.

［101］周宏仁．信息化论［M］．北京：人民出版社，2008.

［102］周若辉．虚拟与现实——数字化时代人的生存方式［M］．长沙：国防科技大学出版社，2008.

［103］周毅，汤茜草．无形城市［M］．北京：中国计划出版社，2005.

［104］周卓伦．生活于数字化之中［M］．北京：清华大学出版社，2001.

［105］朱启贵，李建阳．信息化：可持续发展之路［M］．北京：中国经济出版社，2005.

［106］David F. Batten. Network Cities：Creative Urban Agglomerations for the 21st Century ［J］. Urban Studies，1995，32（2）：313-327.

［107］Doug Schuler. Digital Cities and Digital Citizens ［J］. Digital Cities，2002（2362）：71-85.

［108］Eric Mino. Experiences of European Digital Cities ［J］. Digital Cities，2000（1765）：58-72.

［109］Gary Gumpert，Susan Drucker. Privacy，Predictability or Serendipity and Digital Cities ［J］. Digital Cities，2002（2362）：26-40.

［110］Gregory S. Yovanof，George N. Hazapis. An Architectural Framework and Enabling Wireless Technologies for Digital Cities & Intelligent Urban Environments ［J］. Wireless Pers Commun，2009（49）：445-463.

［111］John Friedmann. World Cities Revisted：A Comment ［J］. Urban Studies，2001，38（13）：2535-2536.

［112］Patrice Caire. Designing Convivial Digital Cities：A Social Intelligence Design Approach ［J］. AI & Soc，2009（24）：97-114.

［113］Peter van den Besselaar，Isabel Melis，Dennis Beckers. Digital Cities：Organization，Content，and Use ［J］. Digital Cities，2000（1765）：18-32.

［114］Peter van den Besselaar，Makoto Tanabe，Toru Ishida. Introduction：Digital Cities Research and Open Issues ［J］. Digital Cities，2002（2362）：1-9.

［115］Stephen Graham，Simon Marvin. Planning Cybercities ［J］. Town Planning Review，

1999 (1)：89.

[116] Stephen Graham, Patsy Healey. Relational concepts of space and place：Issues for planning theory and practice [J]. European Planning Studies, 1999, 7 (5)：623-646.

[117] Tomoki Nakaya, Keiji Yano, Yuzuru Isoda. Virtual Kyoto Project：Digital Diorama of the Past, Present, and Future of the Historical City of Kyoto [J]. Culture and Computing, 2010, Volume 6259：173-187.

[118] Tomoko Koda, Satoshi Nakazawa, Toru Ishida. Talking Digital Cities：Connecting Heterogeneous Digital Cities Via the Universal Mobile Interface [J]. Digital Cities, 2003 (3081)：233-246.

[119] Toru Ishida. Digital City：Bridging Technologies and Humans [J]. AMT, 2001 (2252)：2.

[120] Toru Ishida. Digital City Kyoto [J]. communications Of The Acm, 2002, 45 (7)：76-81.

[121] Toru Ishida. Understanding Digital Cities [J]. Digital Cities, 2000 (1765)：7-17.

[122] Toru Ishida, Alessandro Aurigi, Mika Yasuoka. World Digital Cities：Beyond Heterogeneity [J]. Digital Cities, 2005 (3081)：188-203.

[123] 陈德良，陈治亚，李本辉. 城市物流信息与电子政务综合集成研究 [J]. 商场现代化，2006 (10)：109-110.

[124] 陈建军. 数字城市：智慧城市 [J]. 国土资源导刊，2010 (1)：13.

[125] 陈柳钦. "数字城市"内涵与框架的研究综述 [J]. 中国市场，2010 (42)：51-61.

[126] 成德宁，周立. 以信息化推动城市发展的战略思考 [J]. 科技进步与对策，2002 (10)：6-8.

[127] 承继成. 信息化城市与智能化城镇——数字城市 [J]. 地球信息科学，2000 (3)：5-7.

[128] 承继成，王浒. 城市信息化的基本框架 [J]. 测绘科学，2000 (4)：17-20.

[129] 戴汝为. 数字城市——一类开放的复杂巨系统 [J]. 中国工程科学，2005 (8)：18-21.

[130] 杜灵通，韩秀丽. 基于数字地球思想的数字城市研究 [J]. 地理空间信息，2007 (1)：111-113.

[131] 段学军. 数字城市建设研究 [J]. 地域研究与开发，2003 (5)：1-4.

[132] 段学军，顾朝林，于涛方. 数字城市的初步研究 [J]. 地理学与国土研究，2001 (5)：33-38.

[133] 方维慰. 论信息化与"城市病"的治理 [J]. 科学对社会的影响，2004 (1)：32-36.

[134] 方维慰. 中国建设数字城市的难点与对策 [J]. 软科学，2004 (3)：71-73.

[135] 耿小庆. 数字城市系统与城市可持续发展 [J]. 城市问题，2008 (2)：99-102.

[136] 顾朝林，段学军，于涛方等．论"数字城市"及其三维再现关键技术［J］．地理研究，2002（1）：14-24.

[137] 郭剑锋．论"数字城市"与"生态城市"［J］．四川建筑，2004（2）：4-5.

[138] 郝力．中外数字城市的发展［J］．国外城市规划，2001（3）：2-4.

[139] 姜爱林．城镇化、工业化与信息化的互动关系［J］．城市规划汇刊，2002（5）：32-37.

[140] 姜爱林．数字城市：一种新的城市生存发展方式［J］．贵州财经学院学报，2003（1）：87-90.

[141] 姜爱林．数字城市发展研究论纲［J］．科技与经济，2004（3）：58-61.

[142] 金江军．城市信息化与信息产业互动发展［J］．电子政务，2005（8）：61-64.

[143] 康贻建．电子政务与数字城市［J］．城市问题，2007（7）：80-83.

[144] 柯擎．信息化浪潮中的日本政府［J］．信息化建设，2003（6）：50-52.

[145] 寇有观．城市信息化及信息产业［J］．城乡建设，2004（7）：55-56.

[146] 李德仁，黄俊华，邵振峰．面向服务的数字城市共享平台框架的设计与实现［J］．武汉大学学报（信息科学版），2008（9）：881-885.

[147] 李京文，甘德安．建设"数字城市"的经济学思考［J］．城市规划，2002（1）：21-25.

[148] 李琦，刘纯波，承继成．数字城市若干理论问题探讨［J］．地理与地理信息科学，2003（1）：32-36.

[149] 李社，宋富林，卢中正．基于数字城市的关键技术应用研究［J］．地理空间信息，2008（2）：59-61.

[150] 梁军，何建邦．数字城市建设的核心问题［J］．地球信息科学，2002（1）：21-26.

[151] 林峰田．资讯都市的兴起［J］．台北画刊，1999（1）：8-9.

[152] 刘忻．数字城市体系结构及其相关问题研究［J］．哈尔滨学院学报，2003（3）：58-61.

[153] 刘有鹏．我国城市信息化与物流现代化的关系及发展道路［J］．上海经济研究，2006（8）：72-76.

[154] 吕小彪，周均清，王乘．论数字城市对城市建设和管理的影响［J］．现代城市研究，2004（1）：61-64.

[155] 马晓燕．韩国新松岛：未来智能城［J］．中国经贸导刊，2005（22）：51-52.

[156] 冒亚龙，何镜堂．数字时代的城市空间结构——以长沙为例［J］．城市规划学刊，2009（4）：14-17.

[157] 牛文元．先进生产力和先进文化的载体——中国数字化城市建设的五大战略要点［J］．南京林业大学学报（人文社会科学版），2002（1）：1-4.

[158] 彭学君，李志祥．数字城市及其系统架构探讨［J］．商业时代，2007（8）：66-67.

[159] 沈丽珍，张敏，甄峰．信息技术影响下的空间观及其研究进展［J］．人文地理，

2010 (2)：20-23.

[160] 史文勇，李琦．数字城市：智能城市的初级阶段 [J]．地学前缘，2006 (3)：
99-103.

[161] 宋建元，王德禄，何亚平．数字城市初探 [J]．自然辩证法研究，2001 (12)：
41-44.

[162] 孙世界．信息化城市：信息技术与城市关系探讨 [J]．城市规划，2001 (6)：
30-33.

[163] 孙世界，吴明伟．信息化城市的特征——关于信息化条件下我国城市规划的思考
[J]．城市规划汇刊，2002 (1)：9-11.

[164] 孙中伟，路紫．流空间基本性质的地理学透视 [J]．地理与地理信息科学，2006
(1)：109-112.

[165] 孙中伟，王杨，李彦丽．论流空间及其对地区经济发展的影响 [J]．石家庄学
院学报，2005 (11)：57-61.

[166] 王爱兰．美国与日本信息化模式比较及其对我国的启示 [J]．理论与现代化，
2003 (5)：37-40.

[167] 王浒，李琦，承继成．数字城市与城市可持续发展 [J]．中国人口、资源与环
境，2001 (2)：114-118.

[168] 王金鑫，孙晓兵，赫晓慧．当代数字城市建设背景与技术路线 [J]．城市勘测，
2008 (5)：22-26.

[169] 汪礼俊，初蕾．"数字城市"在韩国 [J]．上海信息化，2007 (2)：83-87.

[170] 汪明峰，高丰．网络的空间逻辑：解释信息世界的城市体系变动 [J]．国际城
市规划，2007 (2)：36-41.

[171] 王颖．信息化城市的负面效应探析 [J]．城市规划汇刊，1998 (3)：62-63.

[172] 文俊浩，赵有声，青虹宏．数字城市与城市可持续发展的相互关系的分析 [J]．
重庆建筑大学学报，2004 (1)：31-34.

[173] 吴良镛，毛其智．"数字城市"与人居环境建设 [J]．城市规划，2002 (1)：13-15.

[174] 吴伟萍．城市信息化发展战略路径：基本理论分析框架 [J]．情报科学，2007
(1)：21-24.

[175] 谢明．数字城市建设与发展探讨 [J]．中国科技信息，2005 (14)：164.

[176] 徐晓林．数字城市：城市发展的新趋势 [J]．求是，2007 (22)：57-59.

[177] 徐晓林．数字城市发展的新趋势 [J]．中国信息界，2007 (11)：29-32.

[178] 薛凯，洪再生．曹妃甸数字城市建设初探 [J]．工业建筑，2011 (8)：11-13.

[179] 颜文涛，邢忠，张庆．基于 GIS 的旧城改造开发容量的研究——以南阳市旧城更
新改造为例 [J]．重庆建筑大学学报，2005 (6)：6-11.

[180] 阎小培，周素红．以人为本理念在数字城市规划中的借鉴 [J]．科学中国人，
2003 (4)：43-45.

[181] 杨家文. 信息时代城市结构变迁的思考 [J]. 城市发展研究, 1999 (4): 15-18.

[182] 杨开中, 沈体雁. 浅析数字城市 [J]. 北京规划建设, 2001 (1): 37-43.

[183] 叶嘉安, 朱家松. 数字城市与地理信息系统 [J]. 地理信息世界, 2007 (4): 4-9.

[184] 张静. 构筑数字城市的空间数据框架 [J]. 三晋测绘, 2002 (1): 40-42.

[185] 张军, 徐肇忠. 数字城市对城市规划的影响 [J]. 武汉大学学报 (工学版), 2003 (3): 57-59.

[186] 赵燕霞, 姚敏. 数字城市的基本问题 [J]. 城市发展研究, 2001 (1): 20-24.

[187] 甄峰, 朱喜钢. 中国城市信息化发展战略的初步研究 [J]. 城市规划汇刊, 2000 (5): 28-30.

[188] 郑可佳, 马荣军. Manuel Castells 与流空间理论 [J]. 华中建筑, 2009 (12): 60-62.

[189] 郑晓华, 杨纯顺, 陶德凯. 基于数字城市的城市土地利用现状调查数字化实践——以南京市城市总体规划为例 [J]. 国际城市规划, 2010 (2): 43-47.

[190] 周均清, 王乘, 杨叔子. 我国数字城市研究与建设之现状 [J]. 城市规划汇刊, 2003 (6): 29-32.

[191] 周年兴, 俞孔坚, 李迪华. 信息时代城市功能及其空间结构的变迁 [J]. 地理与地理信息科学, 2004 (3): 69-72.

[192] 周晓颖, 章申鲁. "863" 为数字城市夯实基础 [J]. 经济参考报, 2001 (1).

[193] 周永康, 黄薇, 吴炽煦等. 武汉市医院信息化建设现况调查 [J]. 公共卫生与预防医学, 2007 (5): 38-41.

[194] 中国 GIS 协会城市信息系统专业委员会. 数字城市与城市信息系统建设 [J]. 地理信息世界, 2004 (5): 23-27.

[195] 朱伟珏. 信息社会学: 理论的谱系研究 [J]. 国外社会科学, 2005 (5): 1-11.

[196] 蔡良娃. 信息化空间观念与信息化城市的空间发展趋势研究 [D]. 天津: 天津大学, 2006.

[197] 孔鑫. 未来数字家庭体验系统的设计与实现 [D]. 武汉: 华中科技大学, 2007.

[198] 李丽琴. 中国数字城市发展研究 [D]. 重庆: 重庆大学, 2007.

[199] 李勇. 中国城市建设管理发展研究 [D]. 长春: 东北师范大学, 2007.

[200] 李智. 公共行政视野下我国数字城市的建设研究 [D]. 兰州: 兰州大学, 2008.

[201] 李宗华. 数字城市空间数据基础设施的建设与应用研究 [D]. 武汉: 武汉大学, 2005.

[202] 刘菲菲. 城市信息化与城市经济发展研究 [D]. 南京: 东南大学, 2006.

[203] 江绵康. "数字城市" 的理论与实践 [D]. 上海: 华东师范大学, 2006.

[204] 齐同军. 城市规划信息化研究与实践 [D]. 杭州: 浙江大学, 2003.

[205] 史慧珍. 数字城市规划的技术方法研究 [D]. 北京: 清华大学, 2004.

[206] 谈晓洁. 基于知识的交通拥堵疏导决策方法及系统研究 [D]. 南京: 东南大学, 2005.

［207］ 万流洋．面向绩效的市政管理流程优化与系统设计［D］．上海：复旦大学，2008．

［208］ 王平．城市信息化与政府治理模式的创新［D］．上海：华东师范大学，2005．

［209］ 杨俊宇．数字化城市综合管理监控平台的设计与实现［D］．昆明：云南大学，2008．

［210］ 于冰清．城市管理创新模式研究［D］．北京：中国社会科学院研究生院，2010．

［211］ 于冬．面向数字城市的复杂性研究［D］．天津：天津大学，2004．

［212］ 袁霄．基于"3S"技术的高精度 LUCC 监测系统研究和应用［D］．重庆：重庆大学，2008．

［213］ 张建军．地方政府在信息化建设中的作用研究［D］．济南：山东大学，2008．

［214］ 甄峰．信息技术作用影响下的区域空间重构及发展模式研究［D］．南京：南京大学，2001．

［215］ 郑伯红．现代世界城市网络化模式研究［D］．上海：华东科技大学，2003．

［216］ 周自卫．城市政府与城市竞争力优化管理［D］．重庆：重庆大学，2008．

［217］ 首届国际数字地球会议．北京宣言［R］．1999．

［218］ 首届亚太地区城市信息化高级论坛．上海宣言［R］．2000．

［219］ 中共中央办公厅，国务院办公厅．2006 - 2020 年国家信息化发展战略［R］．2006．

［220］ 中共中央关于制定国民经济和社会发展第十二个五年规划的建议［R］．2010．

［221］ SWECO．中国唐山曹妃甸国际生态城概念性详细规划［R］．2009．

［222］ 北京清华城市规划设计研究院．唐山曹妃甸新城起步区控制性详细规划［R］．2009．

［223］ 河北城通集团．曹妃甸信息生态城概要方案演示文件［R］．2009．

［224］ 河北城通集团．科教城起步区信息化建设建议概念方案演示文件［R］．2010．

［225］ 唐山市曹妃甸国际生态城管理委员会，唐山市曹妃甸国际生态城城通信息科技有限公司，中国人民解放军信息工程大学．曹妃甸国际信息生态城建设立项规划［R］．2009．

［226］ 唐山市人民政府．唐山市曹妃甸新城总体规划（2008 - 2020）［R］．2009．

［227］ 王志纲工作室．曹妃甸国际生态城总体策划方案［R］．2009 - 06．

［228］ 叶青．从绿色建筑到绿色城市［R］．曹妃甸国际生态城管委会讲座实录，2010．

［229］ 张超．GIS 应用于数字城市的理论与实践演示文件［R］．2004．

［230］ 电子政务解决方案［EB/OL］．http：//www. 24ol. cn/egovernment_ solution. asp．

［231］ 广州市 GPS 首级 II 等平面控制网测量［EB/OL］．http：//www. gzpi. com. cn/seach_ all0. asp？GL = 34．

［232］ 韩国松岛新城：从零开始建设一座世界级城市［FR/OL］．http：//www. jianshe99. com/new/63_ 68/2010_ 7_ 16_ xi120019175861701024617. shtml．

［233］ 李德仁．数字地球加上物联网将走向智慧地球［EB/OL］．http：//news. 3snews. net/technology/20100512/8714. shtml．

［234］青岛 e 城通信息亭［EB/OL］. http：//www. qingdaonews. com/gb/content/2005 - 12/15/content_ 5733764. htm.

［235］全国土地利用遥感监测查询浏览系统［EB/OL］. http：//www. supermap. com. cn/ magazine/200804/main/YYAL/index02. htm.

［236］数字北京［EB/OL］. http：//wenku. baidu. com/view/ee4ec62658fb770bf78a5507. html.

［237］数字北京信息亭［EB/OL］. http：//www. qianlong. com/2955/2004/02/13/183＠ 1878269_ 3. htm.

［238］数字长沙［EB/OL］. http：//www. cgtiger. com/ch/examplel. asp？id = 19.

［239］数字城市［EB/OL］. http：//baike. baidu. com/view/8446. htm.

［240］数字城市的发展和展望［EB/OL］. http：//www. docin. com/p – 109135493. html.

［241］数字城市的发展和展望［EB/OL］http：//wenku. baidu. com/view/e62099946bec0975f 465e261. html.

［242］数字城市的系统结构与应用［EB/OL］http：//www. docin. com/p – 60330714. html.

［243］数字城市规划［EB/OL］. http：//www. cgtiger. com/ch/city. asp.

［244］数字城市规划平台［EB/OL］. http：//www. chinaegov. org/publicfiles/business/ht- mlfiles/ChinaEgovForum/pzxjsal/200804/2232. htm.

［245］卫星定位系统［EB/OL］. http：//www. hudong. com/versionview/XRQBRC， UcEW15EalB，BA1YAQA.

［246］信息安全［EB/OL］. http：//baike. baidu. com/view/17249. htm.

［247］信息高速公路［EB/OL］. http：//baike. baidu. com/view/30716. htm.

［248］信息亭外观图［EB/OL］. http：//car. cqnews. net/ztqc/xqczt/cqgysjpx/xwzx/ 200909/t20090916_ 3599608. htm.

［249］俞正声. 21 世纪数字城市论坛开幕式讲话［EB/OL］. http：//www. consmation. com/ digitalcity/digitech/t524_ 2. html.

［250］智慧让城市腾飞［EB/OL］. http：//wenku. baidu. com/view/bfa0f0e59b89680203d8253e. html.

［251］中国评测网. http：//www. cstc. org. cn/tabid/203/Default. aspx.

［252］中国最大的数字城市制作项目［EB/OL］. http：//www. cgtiger. com/ch/exam- plel. asp？id = 114.

［253］虚拟现实. http：//www. cgtiger. com/ch/vr. asp.

［254］亚马逊网. http：//www. amazon. cn/ref = gno_ logo.

［255］数字地球［EB/OL］. http：//baike. baidu. com/view/8443. htm.

［256］苏州市数字城市工程研究中心［EB/OL］. http：//www. szdcec. com/case. asp.

［257］太平洋直购官方网. http：//www. tpy100. com/.

［258］淘宝网. http：//www. taobao. com/index_ global. php.

［259］天津市政府采购网. http：//www. tjgpc. gov. cn/.

［260］上海盛唐数字医疗系统. http：//www. tangsheng. com. cn/medic/.

[261] 数字上海，http：//zwdt. sh. gov. cn/shen3hall/index. jsp.

[262] 拉手网. http：//www. lashou. com/w_ 93.

[263] AOL. http：//www. citysbest. com.

[264] eCitizen. http：//www. ecitizen. gov. sg/.

[265] History of CEODE. http：//english. ceode. cas. cn/au/hy/.

[266] Mapping the Earth. http：//map. sdsu. edu/geog104/lecture/unit – 2. htm.

[267] 阿里巴巴网. http：//china. alibaba. com/.

[268] 曹妃甸国际生态城电子政务平台. http：//www. cfdstc. gov. cn/.

后　记

在这篇博士论文即将完成之际，回首近两纪的读书生涯，感慨颇多。但我却始终如一地向着人生追逐的目标不停地奔跑，身后留下的每一步脚印都是坚定而有力的。期间，引领我度过每一段曲折路途的恩师们是最令我终生感激的。

衷心感谢导师洪再生教授！正是在您循循善诱的教诲之下，学生懂得了更多为人处世之道和待人接物之理。您渊博的专业知识、严谨的治学态度、忘我的工作精神、平实的人格魅力将深远地影响着学生。正是在您的支持和鼓励下，学生才有机会到唐山曹妃甸国际生态城挂职锻炼，并产生了本研究课题。本书也凝结着您的心血，从初期选题、中期构思到最终的写作完成，您始终高瞻远瞩地把握着本书的航向。您所领导的天津大学城市规划设计研究院为学生提供了良好的锻炼平台，全面地提升了学生的实践能力。

感谢硕士导师郝赤彪教授和本科导师石峯先生！正是由于你们的鼓励和支持，学生一直坚持学术研究到今天。你们对学生的关怀和指导，将会化作不懈的动力鞭策着学生不断前行。

正所谓"一日为师，终身为父"。即使言语不能完全表达感恩的心声，学生依然还要对恩师们说：恩师之情永难忘！

感谢天津大学建筑学院曾坚教授、运迎霞教授、陈天教授对本研究选题的意见与建议！通过聆听你们以及王其亨教授、张玉坤教授、宋昆教授、罗杰威教授等多位教授的授课，使学生受益匪浅，提升了学生的专业综合素质。感谢董西红、陈春红等老师对学生的帮助与支持！

感谢唐山市人事局、规划局和曹妃甸新区管委会！感谢你们给予了我一个难得的锻炼与实践的机会，让我在曹妃甸国际生态城这片热土上挥洒汗水。

感谢曹妃甸国际生态城管委会主任林澎，副主任刘子阳，建设规划局局长牛建波、薛波！感谢你们以及办公室和其他处室的朋友们，在我挂职锻炼期间的热情接待和亲切关怀。这段经历极大地锻炼了我的管理与服务能力，增强了今后为城市、为市民服务的信念。

感谢本书撰写过程中，所有帮助过我的同学和好友们！

感谢多年来默默支持着我的父母，儿子没有辜负你们的期望，谨以此文献给你们！

薛　凯　于天津大学 28 斋